シルビア物語

中村 和夫

随想舎

フェントン採取 シルビアシジミ（大英自然史博物館蔵）

シルビアシジミ ♂裏面　　ヤマトシジミ ♂裏面

類似の2種（猪又1990）

フェントン, M.A（田中舘 1935）

中原和郎（徳善玲子蔵）

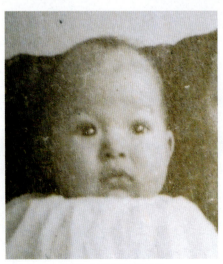
中原シルビア（西蓮寺蔵）

レイクビュー墓地（イサカ市）（Google マップより）
△印はシルビア墓碑

シルビア墓碑

うじいえ自然に親しむ会

ミヤコグサ管理地の表示

シルビア物語

はしがき

　日本のチョウの中に外国人名前の付くものが2種類ある．1つはルーミスシジミ，もう1つがシルビアシジミで，どちらも小型で美しいシジミチョウの仲間である．

　ルーミスシジミは明治時代，日本に来たアメリカ人宣教師ルーミス Loomis, H の名に因むもので，彼が千葉県で初めてこのチョウを発見したことに基づく．

　シルビアシジミは本書の主題で，このチョウの発見と命名にはロマンに満ちた経緯がある．しかし，比較的最近まで普通の図鑑などに，その名の由来については解説がなかった．

　この物語の主役は2人，英国人フェントンと日本人中原和郎なのだが，2人の間に直接の結び付きはない．しかし，江崎悌三が不思議な形で2人の間を繋いでいる．

　2001年の退職後，思いがけない契機でこの話題に関わることになった．幸運と出会いに恵まれて，解明の進んだ物語を紹介しよう．

シルビア物語●目次

はしがき　*3*

序　章　契機と資料　*7*

第1章　フェントン　*21*
　　1. フェントンの来日　*22*
　　2. 東北での採集旅行　*41*
　　3. 北海道での採集旅行　*65*

第2章　中原和郎　*81*

第3章　戦後の再発見　*121*

第4章　シルビア嬢の墓碑　*129*

　参考文献　*141*
　あとがき　*145*

序　章
契機と資料

江崎悌三による歴史発掘

明治の初期，日本を訪れて各地を歩き，多くのチョウなどで新種を発見し，命名・記録に貢献したのが英国人フェントンM. A. Fentonである．

その足跡を解き起こし，広く世に紹介したのが九州大学の江崎悌三だった．

江崎は日本の現代昆虫学で，専門的分野の発展に多大な功績を遺したことに加え，抜群の外国語能力を活かして，歴史的な諸文書の発掘・解読に努めた．その結果，あまたの埋もれている事実に光を当てた．江崎は多くの資料が，見届けられないままに湮滅しつつある状況を恐れると同時に，日本の昆虫学史を正しく記録することを念願していた．

その一環として，発展当初の日本昆虫学の基礎に多大な貢献を寄与しながら，注目を浴びることの少ない日本人・外国人の行動・業績を紹介する諸篇を著した．

1952～3年には「新昆虫」誌上で6回に亘る日本昆虫学史話・江戸時代篇を紹介し，続いて1955～6年に「昆虫」誌上に「日本昆虫学史話」，として外国人中心の4篇を紹介した．

虫を求め 奥の細道

1955年の「史話」第2回「虫行脚・奥の細道」でフェントンの東

8

北旅行を中心に紹介した．採集行程を全て徒歩で回るという，松尾芭蕉さながらの旅を，明治時代初期の行動や風景を交えた巧みな筆致で興味深く伝えた．このフェントンの旅には，2人の若い日本人学生田中舘愛橘と石川千代松が同行して大きな役割を果たした．

日本での貴重な諸発見にもかかわらず，その後フェントンは専門的な昆虫研究の道を歩まなかった．そのため専門分野の業績面で，彼の存在が注目を浴びることがなかった．

そのような理由で，フェントンの昆虫学史的な扱いはおろそかになっていて，江崎が紹介するまで，ほとんど世に知られることがなかった．

依拠した資料

上の紹介に当たって，江崎が依拠したのは主としてフェントンの旅に同行した石川千代松の諸著作だった．石川は後年，動物学上の重鎮となり，その立場上関わった諸分野・人物の科学上の諸事実を，後世代へ向けて精力的に書き遺した．

石川は卓越した記憶力に基づいてそれを行っていた．しかし主に晩年になって行われ，もっぱら記憶に基づいた石川の著作内容には自ずと限界があった．限定的な事象を記述し，時に思い違いや年度の誤りなどを含むのは止むを得ないことだった．一方，地球物理学の道を歩んだ田中舘も記録を残していたが，当時知られるものはごく僅かな部分だった．

江崎の記述が，石川らの記録を超えないのは当然なことだった．特に日本を離れた後のフェントンの身分・職業などに関してはほとんど頼るべき資料がなかった．

序章　契機と資料　　9

江崎以降の進展

江崎の紹介を経た後，複数の人々が関連する事象に注目した．

田中舘の故郷，岩手県福岡村（現二戸市）の奥一家の人々が関心を抱いた．奥昌一郎（福岡中学教師）は福岡村に存続する私学校会輔舎の当直日記を調べた．

そこにはフェントンの福岡村訪問時の記録があり，その時期は江崎の記述と矛盾することに気付いた．1979年，昌一郎は次男俊夫に覚書を渡して精査を託した．1980年，奥俊夫（東北農試）が文献に当たり，フェントンの福岡来訪時期に訂正の必要があることを公表した．長男奥昭夫（福岡中学教師）は二戸市市史編さん嘱託員だったが，田中舘の父稲蔵の書いた愛橘宛て書簡を調べ，フェントンの福岡来訪の事実を1997年に紹介した．

松田真平（大阪市）は1989年から約5年のフランス留学中，ヨーロッパ諸国の博物館を訪ね，日本のチョウ所蔵タイプ標本を調査した．1995年，これらの成果を基に，来日英国人の記載した採集地を検証する報文を発表した．その中で松田はフェントンの足跡を辿り，採集地を示す距離表示に大きな疑問を挟んでいた．

田中舘愛橘の日記

1987年，田中舘の曾孫である松浦明（当時・川崎市）が，代々引き継いだ愛橘の数多くの資料・遺品を故郷の岩手県二戸市資料館に委託した．その中には田中舘がフェントンに随行した時期の日記が含まれていた．

二戸市市史編さん室にあってこれに接した奥昭夫は，その重要性に気付いた．準備中の田中舘愛橘記念科学館のホームページに，

チョウ類画像を図鑑から引用すべく，図鑑の著者・若林守男（大阪）に画像使用の許可を求め，かつ日記の存在を伝えた．

こうして田中舘日記の存在が若林から松田に伝わり，松田は日記情報などを基に，先の報告を改訂し1999年にフェントンの旅程図を発表した．こうして田中舘日記に記録された諸情報が，昆虫史の分野に拡がり始めた．

田中舘は後年，地球物理学の分野で重きを成した人物であったが，彼の日記がフェントンなど昆虫学関連の歴史に重要な意味を持つことが気付かれるようになった．

松田・岡野の発見

松田は2000年3月，新婚旅行で英国ケンブリッジ州のホテルに滞在した．ホテルの電話帳に載るフェントン姓の約20人に，帰国後手紙を出し，来日したフェントンの縁故者を求めた．うち1人から来日したフェントンの生年月日・家族・職業の情報を得ることができた．

岡野喜久磨（銀行家）は稀代の文献所蔵家だった．所有する「資料御雇外国人」（小学館1975）記録の中に，フェントンの公文書記録が明示されていることに気付き，2001年，解説を付けて紹介した．出典は太政類典等の文書であり，雇用期間，給料，国内旅行の日程など（全てではないが）が初めて注目されることになった．後継スルガ銀行の不祥事は残念な事だ．

市民講座の話題として

著者がこの話題に関わったのは偶然の契機に基づくことだった．職場勤務を定年で終えた2001年の春，宇都宮市教育委員会か

ら「うつのみやの自然」をテーマに市民講座 (10回) を開催しない
か，との打診を受けた．正直なところ，10回は荷が重く，植物
の長谷川順一に半々の助力を願ったが，当時長谷川は本の執筆中
で無理だった．

　仕方なく「うつのみやの自然と昆虫」をテーマに，トンボ・チョ
ウ・ハチ・カゲロウなど，知る限りの話題を集め，責を負う準備
を進めた．昆虫少年育ちではあったが，近年はハチ主体で，他の
分野は馴染み薄になっていた．

　かねて歴史的なことで興味を抱いていた江崎の著述を思い起
こし，第5回目のテーマを「北限のシルビアシジミ」と設定した．
同年の畏友武田正之が，戦後その再発見に貢献した因縁が記憶に
あった．市民講座は週1回で7月10日にスタートした．

ミュージアム氏家

　第5回目の講座 (8月7日) を控え，8月2日，宇都宮市の北東隣
り氏家町へ向かった．この話題の重要な舞台，阿久津河岸のジオ
ラマ模型があると知るミュージアム氏家 (現さくら市ミュージアム)
を訪れ，ジオラマの写真を撮影するためだった．学芸員小竹弘則
に来意を告げ，その許可を得て撮影をした．

　問われるままに，その話題の概略を伝えたのが小竹の興味を惹
くことになったらしい．また市民講座の受講者の中に，氏家町在
住の教員加藤啓三が参加していたことも，その後の展開にとって
重要な伏線となった．

　この時点で，自分の持つシルビアシジミ周辺の認識は，江崎の
紹介プラス a の範囲に止まって，シルビアが妻か娘の名なのかも
定かでなかった．

2回の企画展に伴う原資料出現

こんな経過を経て2003年と2007年, ミュージアム氏家が, 2回の企画展を実施してくれることになった.

第47回企画展「シルビアシジミ発見物語」と第62回企画展「大いなる鬼怒川」である.

47回企画展　　62回企画展

2回の企画展を準備, 実施する過程で, この主題に関して新たな原資料に出会えることになった. 主要な事項は次の3つである.

①田中舘愛橘の日記　②フェントンの直筆書簡　③週刊英字新聞の記事

これらの新資料によって, 従来の知見を超え, または認識を改める諸事実に出会うことができた. 江崎の時代に比べ, より確実な形で, 関係する人物像や旅行内容を描くことができるようになった.

田中舘記念科学資料館を訪問

田中舘(1935)は, 石川の死を悼む文の中で, フェントンを懐古し,「自分を旅行を誘いに来た手紙を今でも持っている」と述べていた. 田中舘にとって思い出深い出来事だったのだろう. 2人の出会いの印として是非, 目にしたい記念の手紙だった.

1回目の企画展準備で2003年3月18〜9日, 小竹と中村が二戸市を訪れた. 時ならぬ春の大雪の後で, お参りした愛橘の墓は,

序章　契機と資料　*13*

田中舘記念科学資料館

側に近づくこともできないほどだった.

　田中舘記念科学資料館には遺愛の品・資料が多数保管されており,日記・書簡などが企画展示に向けて貴重な参考品だった.膨大な資料を点検したが,期待した肝心の"記念の手紙"は見いだすことができず,落胆した.

　立ち会った同館の館員は,田中舘が特に大事なものは別途に保管していて,却って戦災で焼失した可能性が高いとの推測で,諦めざるを得なかった.

田中舘宛てフェントン直筆書簡

　ミュージアム氏家での1回目の企画展は,昆虫の話題を小中学生に向けて実施する2003年7月に幕を開けた.刊行した図録にこれまでの経過を報告し,上記の記念の手紙は失われたか,と記してあった.ミュージアム氏家はこの図録を松浦明にも送付した.

　松浦は受け取った図録を読み,二戸市へ寄贈した諸資料とは別に,戸棚の中にしまってある手紙があることを思い出した.やが

フェントン書簡を納めた封筒

て松浦からミュージアム氏家に「手紙を携えて来館する」との連絡が入った.

　2003年8月28日,待ち受ける小竹と中村の眼前に,あっと驚く光景が展開した.

小竹と中村の前に，濃褐色の大型封筒から大型テーブル一面に拡げられたのは，なんと19（後日＋3）通ものフェントン直筆の書簡群だった．松浦が自宅で別途保管していたものである．旅行に誘う記念の手紙（1875年7月14日付）も含まれていた．

（左から）小竹・松田・松浦・中村

読みやすく，滑らかなその筆跡は，温厚なフェントンの人柄を伝えるかのごとくであった．ミュージアム氏家は急遽，この記念の手紙を含む2つの手紙とその訳文を，追加の別紙資料として印刷し，図録の付録資料に加えた．

直筆書簡の解析

これらの書簡（22通）の内容は2005年，松浦ほか4名の名で，訳文とともに公表された（松浦ほか2005）．この発表のため，内容分析を含め松浦明，松田真平（＋小竹・中村）の共同研究が始まることになった．氏家・東京・大阪と場を移動しつつの共同作業だった．

新たな多数の手紙は新発見の貴重な原資料として，在日中及び帰国後の居所（発信地）など動静解明に大いに貢献した．在日中のフェントンの心情，帰国後の動向を含め，従来全く窺うことができなかった諸情報が得られることになった．松田と中村は，これらの資料や調査で知ることができた情報に基づき，そこから浮かぶフェントンの人物像を発表した（松田・中村2005）．

序章　契機と資料　　*15*

石川宛てフェントン直筆書簡

東京大学の総合研究博物館には，石川千代松宛ての複数の書簡が所蔵されることが，日本動物学会の関連資料記録の中に記されていた．2回目の企画展に先立つ2005年3月，同博物館を訪ね，多数の手紙の中に，見慣れたフェントンの筆跡の石川宛て書簡6通が含まれていることが判った．

その内容は，それまで参照した田中舘宛てとは異なって，生物関係の情報を多数含むものであり，新たな意味で興味深い内容だった．

後述する，名和靖の新発見に関わるギフチョウ関連の記録，在日中にフェントンがまとめた日本産蝶目録に関する内容はここから導きだされた（中村2007）．

外国人の来朝記録

別の大切な手懸かりは，全く違う方向から得られたものだった．

帰国後フェントンは，石川に手紙で日本のクモの情報を求めていた（東大資料）．これを端緒に，クモ学者の来日情報を知る手段に出会うことになった．それは，高橋登（故人）の報告であり，明治期に日本を訪れた（クモ関係の）外国人に関し，その出入港が英字新聞に逐次記録されている，ということを初めて知った．

従来，この手法がフェントンに当てはめられたことは全くない．適合の可能性は不明だが，当たってみる価値は充分ある．期待を抱いて横浜の開港資料館を訪ねたのは2回目の企画展を控えた2006年のことだった．

横浜・週刊英字新聞の記事

　横浜市の開港資料館には明治年間，同地で刊行されていた複数の英字新聞が保存されている．週に1度の紙面には同港での外国船の入港・出港が記録され，さらにはその各々の乗船客の氏名までもが掲載されている．この紙面を追跡すれば，「特定の人物」の出入国記録が把握できる可能性があるのだった．

　2006年3月7日に横浜の資料館を訪ねた．地下1階の資料室に潜り込んで，いくつかある英字紙（週刊）を探索した．とりあえずの手懸かりは岡野の情報に基づくフェントンの教師発令時期1874年1月24日だった．

　この日付の週から遡ってJapan Weekly Mail紙の該当欄（Shipping Intelligence）を順次当たった．「Ship arrival」記事に付随して「Passenger list」があり，入国した乗船客の名前が列記されていた．他記事の容量に押される紙面制限のため，乗客欄記載が省略される週もあった．運悪くそこに当たっていたら駄目か，と不安を覚えつつ調べを続けた．

来日の記録

　そして小半日の後，1873年8月2日付紙面に，初めてフェントン姓の乗船客の名を見いだすことができた．7月28日横浜着のアヴォカ号乗客で，その中にフェントン姓の名があった．

　教師発令から遡ること6カ月あまり，予想以上に早い時期だった．それも Mr. Fenton とあり，姓が一致するだけだった．さらに，それと並んで同姓の女性客のいることも不可思議だったが，それ以上は探りようがなかった．

序章　契機と資料　　*17*

来日の理由を示す記事

　この情報は間もなく，共同研究を組んでいた松田に伝えられた．

　約半年後の2006年11月，松田は京都府立中央図書館で同時期の英字新聞を探索して，思いがけない別の記事を発見し，12月5日，メールで連絡が来た．

　それは英字紙The Japan Gazetteで，姉イザベラが日本で結婚式を挙げた，という記事だった．前記の来日僅か5日後のことで，結婚式は1873年8月2日に東京の英国公使館で開かれていた．

　この記事には姉イザベラや父の正確な姓名，地域をはじめ，結婚相手の姓名・出身地が正確に記載されている．先の来日情報がフェントン姉弟のことと裏付けていた．

　2つの記事によって，フェントンの正確な日本到着の時期，来日の直接の動機となる事実

フェントン姉弟の来日記録

フェントン姉の結婚記録

を知ることができた．さらには教師選任の経過を知り，来日の直接目的を推測する以後の進展の契機となった（中村・松田2008）．

「うじいえ自然に親しむ会」の発足

宇都宮での市民講座に参加した氏家町（当時）蒲須坂に在住の加藤啓三は，シルビアシジミの発見が当地に由来することに興味を抱いた．

2001年8月以後，加藤は早速に氏家ミュージアムに近い，地元鬼怒川河川敷で，その探索に努めたが発見できなかった．尋ねた友人，知人も全く知らない話だった．翌2002年5月以降は夫人とともに発見に努めたが，その年も無為に終わった．

この間，氏家ミュージアム館長中野英男の勧めも受け，地域にあった野鳥・野草などの自然関連諸団体を統合した「うじいえ自然に親しむ会」の発足を企画した．

初めての企画展開催の2003年4月，「親しむ会」設立総会に合わせ計画したチョウ観察会の準備で，加藤は中村と鬼怒川堤防を探索し，初めてシルビアシジミの雌に出会うことができた．

「親しむ会」発足の5月には同じく雄に出会うことができ，同地での種の存続に確信を持つことができた．フェントンの基準産地（タイプ・ロカリティ）に最も近い場所で，126年ぶりの再発見だった．

以後，「親しむ会」はチョウをはじめ，食草の保護，河原の諸生物の管理・保全に向けて約200名の会員をもって活発な維持活動に努めている．

鳥取との交信開始

シルビアの名が，がん学者中原和郎の家族に由来することは当初，朧気な形で承知していた．

1回目の企画展前年の暮れ，当時扱い始めたインターネットの検索エンジンで，「中原和郎」の記事を探索した．多数出てくるのは大部分「がん」に関連した中原の情報だった．しかし，中に1つだけ異質のサイトに巡り合えたのは，2002年11月のことだった．

「橋津と藩倉」と銘うったホームページに，中原の故郷が鳥取県橋津であり，菩提寺の西蓮寺には遺品が遺されている，との記載があった．発信者の佐々木靖彦に11月19日，メールで交流を求め，承諾を得たのは翌11月20日のことだった．

これによってシルビア嬢の画像，中原及びドロシー夫人の画像を借用することが可能となって，企画展開催に向けて大きな前進となった．

新たな展開への始動

これらの諸発見・出会いで得られた各種の新情報・事実に助けられ，以下のように，これまでの知見を肉付け・改良しながら，記述することが可能になった．

取り組みを始めてからでは，17年の時間が過ぎている．

第1章
フェントン

1. フェントンの来日

極東への船旅

1873（明治6）年7月28日，横浜港に香港から蒸気船アヴォカ号が乗客少なくとも47人を乗せて到着した．乗客の中に若い英国人の姉弟がいた．メアリ・イザベラ・フェントン25歳とモンタギュ・アーサー・フェントン23歳の2人である．

英国出発から2カ月余，総計67日の長い航海だった．2人は英国南部のサザンプトン港を英国P&O社の新造船ロンバルディ号（2723t，12kt）の初航海で出発したと思われる．その出港は5月22日，大西洋を南下し，逆時計回りにアフリカ大陸南部を周回してインド洋を進み7月22日に香港到着，ここまでに2カ月を要する．

当時英国から東洋へは，ドーバー海峡を渡って陸路フランスのマルセイユに出，地中海からスエズ運河（1869年開通）を経て紅海を通り，直接インド洋に臨む経路もあった．

日数は地中海経由の方が少し短いが，旅費もかかり，鉄道・船などの乗り換えが多い．急ぐ旅でなければ，少し長くても安価で乗り換えなしのアフリカ回り航路を選ぶ乗客も多かった．

到着した香港では，同日出港する同じP&O社のアヴォカ号（1428t，11kt）に乗り換えた．この船は1872年から香港航路に就航していた．続く6日の航海は，初めは激しい風雨に襲われたが，以後平穏に目的地・横浜港へ向かった．

横浜入港

横浜港は1859年に日本が諸外国との交流を目的に開いた新開地だった．早く外国向けに開かれていた長崎・神戸とは別に，首都の江戸（東京）に近い地の利が選ばれた．東海道五十三次の経路から外れた海辺の村だったが，開港して外国との通商や人間往来が始まり，商店，宿屋（ホテル），金融施設などが続々と整備された．

外国人居留地（南東側，現在の中華街付近）と日本人町（北西側，県庁付近）とを分けて，1870年代には各種の建物が軒を連ね，賑わう街並みが続いた．生活・風習の異なる外国人にとって必要な食料や器財を入手できる便利な場所だった．

フェントン姉弟は上陸して税関・入管の手続きを終え，いくつもの旅行鞄を携えどこか宿を取ったのだろう．無論，婚約者の出迎えを受けて……．

当時，クラブ・ホテルなど数軒が営業していた．横浜唯一の外人向けグランド・ホテルは1873年9月，新築開業と，2人の到着後のことだった．

来日の目的

姉弟が日本に来た目的は，姉イザベラが婚約者リチャード・オリバー・ライマー＝ジョーンズと結婚式を挙げるためだった．リチャードは測量技師で，日本の鉄道敷設に関わる仕事で，イザベラに先行して日本に赴任していた．

蒸気機関の開発が産業革命を引き起こした19世紀の英国では，国内に鉄道路線が発達し，主要な大都市間の連絡は1850年頃に

大方完成していた．確立した人員・知識・技術は国内から後進の諸国へ普及しつつあった．極東の日本もその中に位置付けられていた．

米国もまた同様の技術普及を願っていたが，普及後の施設管轄権の狙いに相違があって，日本では英国寄りの開発が進んでいった．

ちなみに新橋—横浜間に日本初の蒸気機関車が旅客を乗せて開通したのは1872年である．その後，時間を追って大阪，東北，高崎へと東京を起点とする鉄道網が，各方向に整備された．リチャードは後に関西方面での仕事に携わっていた記録がある．

英国公使館

到着から5日後の8月2日，姉は英国公使館で結婚式を挙げた．場所は東京芝高輪にあった接遇所（現在の品川駅北方600m付近）と思われる．当時，外国公使館の多くは東京（江戸）の寺院内に置かれ，館員は生活に便利な横浜に住んで勤務先に通った．

英国公使館は初め品川芝高輪の東禅寺に置かれたが，攘夷の浪士によって2度に亘り乱入された（1861年及び1862年，東禅寺事件）．代わって品川御殿山に建てた公使館は完成直前の1863年，高杉晋作らの焼き討ちに遭った．止むを得ず同じく高輪泉岳寺（赤穂浪士墓所）の門前に1866年「高輪接遇所」を置いた．

「接遇所」は，公使館を名乗って再度の乱入を受けぬための名称で，実質は公使館だった（結婚の新聞記事ではLegation＝公使館を用いている）．姉弟の来日はまだこのように不穏で，物騒な状況を受け継いだ時代のことだった．現在の英国大使館がある千代田区一番町に，新たな建物が完成したのは1874年，2人が来

日した翌年のこととなる.

遠い異国の地での結婚式のこと, 列席したイザベラの身寄りは弟のモンタギュ1人, リチャードについては末弟トーマスが来日していた.

参列したモンタギュは, この席で英国公使館員と顔を合わせ, 自分の来日の真意(昆虫の調査)を伝えた可能性はあるだろう, それがこの後, 教員としての長期に亘る日本滞在を可能としたのではないか, と想像できる.

英国での家族

リチャードの父トーマス・ライマー＝ジョーンズはロンドン在住でケンブリッジ大比較解剖学教授であり, リチャードは5男5女の4男だった.

イザベラの父, チャールズ・ダッカー・フェントンは英国中部の都市, ドンカスターの内科医で, イザベラは3男7女の4女, とともに大家族の一員だった. 弟モンタギュは次男に当たる.

なんらかの縁で英国での婚約が成立した2人だが, リチャードは一足早く来日して既に仕事に就いていた.

時代背景

ヴィクトリア王朝(1837～1901)の19世紀, 英国は広く世界に覇権を拡げた. 女王の時代に, その版図は10倍に増加し, 全陸地面積の4分の1, 世界人口の4分の1に及んだ.

大英帝国は各植民地から巨大な富を得ていた. これら植民地の産物を獲得する一方, その背後にある自然, 即ち動植物・鉱物資源を博物学的に探査する努力を続けていた.

第1章 フェントン 25

1901年当時の大英帝国版図(君塚2007)

　広く欧州ではオランダ・フランス・イギリスなど各国が伝統的にそれら自然を探求し，産物を体系的に整理する博物学の系譜を培っていた．リンネ(スウェーデン)による動植物の体系化(Systema Naturae 1735〜)が著名である．

　英国からはダーウィン，ウォーレス，ラッセルらの博物学者たちが遠く南米，東洋などに出かけ，その成果が国内で普及的書物となって出版され，それに触れた青少年たちは未知の世界の自然に胸を躍らせたのだろう．

　豊かとはいえない英国本土内の生物相は既に大方調査が行き届き，新しい発見を求める若者たちの関心は，広く国外の自然に向かっていた時代だった．

モンタギュの背景―出生と環境―

　遠い極東までの長い船旅を姉と共にした弟モンタギュの意向はどこにあったか．

彼は1850年6月29日，英国中部ヨークシャー州の小都市ドンカスターで生まれた．中流の裕福な医師の家庭に育ち，周囲の自然に恵まれていた．ドンカスター市は平野部にあって周辺を平地林に囲まれ，中央にドン川を擁している地域であった．

時代・周囲の影響を受けて昆虫採集に熱中したと思われるモンタギュは，やがてロンドンの大英博物館を訪れ，所蔵される多くの展示物や資料に夢中になったと推定される．

ドンカスターからロンドンまでの汽車は（現在でも）片道3時間余が必要であり，当時ロンドン行きは泊まりがけの旅行だったかも知れない．

やがてモンタギュは新進の博物館学芸員バトラーButler, A. G. と知り合いになり，その後の密接な交流に発展した．バトラーはモンタギュより6歳年上で1863年に大英博物館に勤め始めた新進の学芸員だった．昆虫，特にチョウに詳しく，世界各地から集まってくる各種のチョウを分類するのが博物館での彼の主要な仕事だった．

ドンカスターに大学はないので，中学校を終えたモンタギュがロンドンでケンブリッジ大学のカレッジに入学した可能性はあるが判っていない．日本からの帰国後，改めてセントジョンズ・カレッジに入学したことは確かである．

日本への思い

姉イザベラの婚約が決まり，婚約者ジョーンズが一足先に日本に赴任することとなった．モンタギュは，自分の昆虫調査の志望を兼ねて，姉の護衛役として日本に行くことを真剣に考えたのではないか．多分，家族たちもそれを期待しただろう．

当時の英国では，中学校で男子には自律的な社会人としての教育を施したが，女子については未だ家庭の管理・保全を中心とする教育が主だった．

姉の極東への長い船旅を守る介添え役を果たしながら，日本を対象とした博物学的な調査に焦点を定め，準備を整えたと想像される．初めから日本にある程度長く（少なくともトンボ帰りではなく）滞在する心づもりを持っていたのだろう．

日本に関する日常生活の情報は少なかった，と思われる．日本に先行したライマーから寄せられる知識を参考にして（といっても手紙の到着まで2カ月），来日の準備を進めた．

日本に関する情報と準備

当時，日本の昆虫相について，欧米的な手法での知識は未だ乏しいものであった．

モチュールスキィ（1861，'61年），デ・ローザ（1869年）らの断片的もしくは伝聞に基づくチョウ類の記録はある程度あった．信頼性の高いマレーの報告が出たのはフェントン来日より後のことである．マレー1874年の報告は横浜在住の英国人プライヤー Pryer, H.が得たものに基づく．これらの人々も，直接自分が日本を訪れたのではない（プライヤーは別として）．バトラーのもとで，それらを予備知識として頭に入れ，参照できる所蔵標本などによって日本産の既知の種類については準備をしていたと想像される．

姉夫婦が日本にいるとしても，それを頼りにした日本滞在計画であったか不明である．しばらく日本に腰を落ち着けるつもりで最小限の採集道具，標本作製器具，保蔵箱などは準備していた可能性が大きい．日本滞在の身分・経済的見通しが整ってから，改

めて本格的に本国から取り寄せたことも考えられる.

しかし,文献的情報は,基本的に英国出発時までの蓄積に依存したろう.今日のような図鑑類は未だ存在しなかった時代(コピー機や標本写真などはない)に,既存の情報を所有するには,自らの文字筆写と,図の転写によるしかなかった.

プラントハンターなど

日本を訪れる生物的な探求者としては,植物を探求する人たちの方が先行していた.

既に日本では,在来植物を庭木・盆栽・香草・薬草として栽培・育成し,市場に提供する園芸産業・経路が発達していた.これらを頼りに,また自らの努力で日本の植物を求めるプラントハンターはケンペル(1690,2年ドイツ),ツンベリー(1775年スウェーデン),シーボルト(1823〜8年ドイツ)などが江戸時代から長崎に入国していた.

国内旅行,資料採取には各種の制約がある中での探索だったろうが.

虫の友人・プライヤー

横浜には昆虫に詳しい貴重な友人が1人いた.フェントンと同い年でロンドン生まれのヘンリー・プライヤーである.フェントンとプライヤー間の交友関係は定かでないが,同じ虫好きとして既にロンドン時代に接触があった可能性はある.

プライヤーの兄は商社マンとして既に1860年代に中国に赴任して,弟に日本の情報を含む手紙を送っていた.

その中にはこんな評価があった.即ち,日本は「住みやすく」

「物価が安い」「気候は温暖」「昆虫が多い」とあって申し分のない国に思えた.

フェントンが,事前にこの情報を得ていたか不明だが,昆虫を求めて訪れる国として,安心で期待できる場所と思えた可能性はある.プライヤーは既に1870年初めから横浜の商社(アダムソン&ベル海上保険会社)に勤めていた.到着したフェントン姉弟の便宜を図り,案内をしてくれただろうか.

外国人の行動範囲

当時,外国人居留地に住む人たちは特別な事情がない限り,横浜から10里以内(40km圏)内の行動だけが認められていた.プライヤーが前述のマレーに提供した試料も横浜のものだった.2人がとりあえずの昆虫採集に出かけたとしても,極めて限られた範囲のことであった.それでも初めて接する日本の昆虫や蝶相にフェントンの胸はときめいただろう.

しかし,もっと広汎な行動が許される思いがけない幸運がやがてフェントンに訪れる.

横浜周辺 外国人遊歩区域図(港区立港郷土資料館2005)

プライヤーはその後,琉球・小笠原を含む日本各地を広く採集し,日本初の日本蝶類図譜3巻を執筆した(1886～91).しかし出版の完結を前にして不幸にも病を得,日本で客死することになった.

日本の外国文明修得―外国人招聘―

「尊皇攘夷」を旗印に徳川幕府を倒した明治維新だが，複雑な論争の末，攘夷（夷人〈外国人〉を払う）は速やかに空文となった．永い鎖国で途絶していた諸外国の文明と接触し，富国強兵の術を吸収しようとした．明治政府や各藩は競って諸外国へ直接留学生を派遣する一方，「お雇い外国人」政策を採用した．

それは先進諸外国・各分野から学問・産業・芸術・実技など各種の「専門家」を日本に招く施策だった．人を派遣する各外国の方も，各々極東地域への思惑を持ってはいた．

日本に招いた外国人に直接教えを受け，先進諸文明の急速な修得を図った．招聘する各先達には来日のための往復旅費と，到着後は高額の給与を支給した．中には太政大臣（総理大臣に相当）以上の高給取りもいた．

フェノロサ，モース，クラーク，ナウマン，ハーンなど各国・分野の著名な人材が1〜2年，時には10年以上の長期間，日本に滞在して，日本人子弟の指導に当たった．一時は年間500人以上（政府雇用），700人以上（私雇）の外国人が国内に在籍する時期があり，その政策は日本の欧米流「近代化」を大いに促進した．ただし「利用はすれど依存せず」で自国運営の根幹は手放さなかった．施策の功罪に論議はあるが事態は着々と進行した．

ただし，この処遇は明治政府・藩にとって大きな財政的負担だった．官雇いは明治初期からの20年間ほどで，徐々に日本人自身の手による育成方式へと置き換えられていった．

外国語教師の実情

外国から招いた人たちは，各々専門分野の講義などを自分の言

第1章　フェントン　*31*

葉で行う．教師は英国，米国，フランス，ドイツなどの諸国籍であり，各人がそれぞれ自国言語で行った．

そのため，これらを聴講する生徒たちは，独自に各言語に関する語学教師から各外国語を修得することが必要だった．

大学南校は1869（明治2）年，外国語教育を重点にオランダ人フルベッキ Verbeck, G 指導のもとに開かれた学校だった．フルベッキは日本での語学教師に不適格者が多いことに頭を痛めていた．

諸分野ごとに厳格に資格を選定する「専門家」とは異なって，語学の教師は自国言語を操れさえすれば一応の教育目的が果たし得た．既に来日している各国人で，宣教師・船員・商人などの中から選べば赴任の費用も省略でき，語学教師は安易に選ばれる例があった．そのため日本の教育機関が「無宿者の収容所」と言われる酷評さえあった．

石川千代松は「その頃の教師の中には随分いかがわしい人もいたようで，フィリップのごときはフェントン先生の家に来たことのある大工の小僧だったと先生が憤慨されていた」と言っている．

フェントンを迎えた日本と人事

記録によれば，開成学校（大学南校の後継校）は英語教員に不足を生じ，1873年9月20日付で文部省に後任の教師採用許可を求め，11月13日，文部省の認可が下りた．

この結果，東京外国語学校（南校から改称，後に第一高等学校）は1874年1月13日，文部省宛て「英人ドルニー・フェントンを雇入る」として「来朝中人物捜査候処，学力相当のものに付き1カ月給料金130円宛を以て本月24日より向こう6カ月間雇い入れる」旨届け出た（傍点は著者）．

初めはとりあえず半年任期で，当該人物を確かめたのだろう．以後フェントンは1年ごとの再雇用となった．フェントンと同時採用のドルニーは雇用を更新されなかった．

この採用に際し，英国公使館が面識あるフェントンを仲介したかは判っていない．フルベッキ自身は1873年5〜11月ヨーロッパ旅行に行って不在であり，フェントンの人事案件に関わったとしても面接段階となっただろう．

いずれにせよ，この人事は姉弟2人が来日（1873年7月）してから後に進行した案件だった．従ってフェントンが，通常の雇用のために外国から招聘する「お雇い」人事ではなかったことは確かである．

フェントンの実像

日本のチョウを調査し，シルビアシジミなどを発見したフェントンの行動記録を発掘し，広く世に報せたのは江崎であったが，江崎はフェントンを「イギリスから招かれた」お雇い外国人の一員で，専門分野（英語）の「趣味としてチョウの採集」を始めたと紹介していた．これは当時の情報の範囲で想定された内容だった．

次いで公文書上の人事記録を集大成した「資料御雇外国人」が編まれ，そのフェントン部分を岡野が紹介した．これらの経過によって通常の「お雇い外国人教師」としてフェントンの人物像が定着していた．

確かにフェントンは英語教師として政府雇用の「お雇い外国人教師」を務めた．しかし既に示したようにそれは来日後の「結果」であって，「英語教育のため」の日本訪問ではなかった．

直接の契機と思える「姉の結婚」が見いだされ，それを好機に

訪日した「バタフライ・ハンター」というのが，フェントンの実像であったと改めてよいと思う．

以後の仕事ぶりからも「教師の趣味」程度の心掛けでは説明できない，周到な事前準備と強い探求心に裏打ちされた来日といえるだろう．ただし，それ以前に特別の研究実績はなく，若く熱心なアマチュア採集家だった，というのが実像だったと思われる．

外国人教師の処遇

フェントンが日本滞在にどのような計画を持って来訪したか不明である．しかし思いがけず学校教師の職を得たフェントンが受けた処遇を，南米調査のベイツ，ウォレスと比較してみよう．

①経済的問題

1848年，南米調査への出発に当たりベイツ，ウォレスの2人は，予めロンドンに代理人（Sスティーブンス）を選定し，標本の管理と販売を委託した（手数料20％＋保険料・輸送料約5％の条件）．現地で採取した標本を送付された代理人は，これをロンドンで換金し，旅先の2人に資金や物資を送った．2人は現地で，収穫物→滞在費，といわば「自転車操業」で生活を賄っていた．

教師フェントンは月130円（後には徐々に増額し，最後には250円）の高額給与を得た．当時，日本の普通教員で月額20円を超えるものは稀だった．安定した多額の報酬を得て余裕ある生活を送ることができ，この後6年以上に及ぶ日本滞在が可能となった．

②国内行動の自由

南米の2人にとっては交通の便が主な支障だった．

これに比して当時の日本で，外国人は居住地も行動範囲も厳しい制限を受けた．しかし政府機関の雇用外国人はその制限を受け

なかった．行き先と期間を届け出れば，通行免状を持って日本国内の各所へ行くことができた．長期の旅行は学業任務のない時期（学年末〈当時は9月始業，7月終業〉）に限定されるが，昆虫の調査にはそれで好都合だった．

数日の小旅行（千葉県など）は随時可能で度々実施していた．

③同伴者の確保

ベイツやウォレスは南米や東南アジアで，助手を現地採用した．それは黒人少年で，仕事の内容は賄いや雑用程度だった．言葉はポルトガル語で通した．

英語学校生徒たち（1877年頃）．田中舘（後左）石川（後中）（田中舘1935）

石川千代松　　　田中舘愛橘

フェントンは以下のごとく，自分の教える英語学校の生徒（田中舘・石川）を選んで案内・通訳，そして採集補助にも役立てた．この英語学校は後年旧制一高となるエリート校であったから，助けた2人もその後，共に東京帝国大学の教授となる俊勇だった．言葉は英語で通すことができた．

これらの好条件に助けられて，フェントンの意図した調査・研究は予期以上の成果を挙げることができた，といえるだろう．

富士山への旅

来日2年目，1874年7月，初めて学年末休暇を迎えたフェントンは「病気保養」を名目に富士山及び日光へ行った．今日の我々の知識で，富士山は昆虫の採集地としてあまり魅力的とは思えない場所である．しかし訪問者フェントンは国内最高峰に惹かれたのだろう．

英文の国内旅行案内としてE. サトウによる地域案内（1872年）が出ており，参考にできた．

1874年の旅行に関しては出張許可を求めた人事の記録以外，細部は不明である．

この初めての遠征旅行で，フェントンは後味の悪い経験を得たと推測される．当時，通弁として雇った日本人が宿側と共謀し，外国人に高額の宿代を請求し，自分の分け前を得る悪例が横行していたという．

旅行随伴者の選定

おそらく前年の，そのような経緯から，彼は信用のおける自分の生徒を，通訳として同行することを思いついた．

次年度の1875年7月14日，夏休み前フェントンは受け持ちの生徒1名を選び，旅行への同行を誘う手紙を書いた．生徒は当時19歳の田中舘愛橘で，選んだ理由はその直前の期末試験で成績が優秀だったことのようだ．

フェントンが田中舘を誘った手紙

手紙にはこう記されていた（部分）．

「私は，あなたが富士山をふくめて地方をまわる私の旅に，同行して下さる気持ちがあるかを知りたいのです．もし，その気があればの話ですが，あなたはこの旅行の費用を支払わなくても良いですし，1人のイギリス人と生の会話をする［ことで，英語上達の］良い機会になると思います」

手紙に見るフェントンの人柄

ここには教師の押しつけでなく，生徒（田中舘）の意志を尊重し，英語の勉強になる上，費用負担は無用の配慮が示される．通訳として同行をフェントンが希望したとはいえ，あくまで相手の立場に立った誘いの気配がにじみ，彼の人柄を偲ばせる．肉筆の文字も温かく滑らかで読みやすい．旅行好きでもある田中舘は快諾した．

2人は6歳違いの師弟であったが，友人付き合いに近かった．フェントンは田中舘に愛称Castle-in-the-rice fields（田んぼの中の舘の直訳）を付けていた．

1877（明治10）年11月7日撮影のフェントンと田中舘の写真がある．

フェントンは髭面であるが，この時27歳．来朝する外国人たちの多くは若くから髭

田中舘（左）とフェントン（右）（ミュージアム氏家2003）

を蓄えていた．ちょんまげ時代の日本人は，髭を野卑として稀だったが，断髪し洋服を着る頃になってから増えた．

関東周辺の採集旅行

1875年及び1876年夏の2回，フェントンは田中舘を伴って関東周辺と関甲信を大きく巡る採集旅行を行った．これらの足跡を詳しく解明できたのは，同行した田中舘の残した簡潔だが丹念な日記あってのことであった．

計75日952 mi.（1530 km）を大部分徒歩で探索したこの2回の旅行を中心に，彼は中部日本の低地・中山間地で，この時期に採集可能な多種のチョウを手に入れることができた．

この範囲の採集標本は，逐次大英博物館のバトラーのもとへ1876・7年に送付された．送付に際してフェントンは，得た日本のチョウに，既に学名のあるものはその名を，まだ名前の付いてないもの（新種と推測）は自分なりの位置付けをしていたと思われる（後述，フェントン・リスト）．

つまりフェントンは個々の既知種を明確に識別し，か

1875年の旅行（松田1999）

1876年の旅行（松田1999）

つ新種は弁別していた．これはアマチュア採集家として立派な技量といわねばならない．

これらの採集結果は，バトラーが著者となって英国雑誌に発表したので（刊行は1877・8年），この段階のフェントンは新種命名者に位置付けられていない．

もう1人の同伴者

1877年夏の学年末近く，教室でフェントンは生徒たちに「良かったら自分の家に遊びに来なさい」と話した．これに応じた生徒に石川千代松（16歳）がいた．石川は旗本武士石川 潮 叟の次男で，当時まだ自然の豊かだった東京巣鴨に住んでいた．シーボルトを知る父の影響で，幼時から生物に関心があり，自分なりの方法でチョウを集め保存していた．

翌日，石川はフェントン宅を訪問して驚いた．フェントンは多数のチョウ・ガの翅をきちんと拡げて標本にした上，個別に学名（ラテン語の名）を付けていた．もちろん採集記録（地名や年月日）も付いていたはずで，当時日本にそんな整理法は知られていなかった．石川は自分も集めていると伝え，翌日に自分の所蔵品を携えて先生宅へ行った．

石川の持参したものを見て，今度はフェントンが驚嘆した．ピンで止めるだけの自己流の標本作りだったが，日本にこんな蒐集をする少年がいるとは予想外だった．

未知のチョウ

その上，石川の標本の中には，これまで4年間の日本採集でフェントンが未だ出会っていない種類が含まれていた．後にミス

ジチョウと呼ばれる中型のタテハチョウで，稀種ではないが，あまり普遍的ではない種類である．

　紳士のフェントンはその貴重品を取り上げることなく，石川にそのチョウの描画を頼んだ．後日，そのスケッチと再採取できた同種標本をバトラーに送り，新種 *Neptis excellens* と命名された（1878年）．絵の出来がよいことを excellens と褒めたもので，今も亜種名として生きている．石川は優れた描画の腕を持っていた．

新しい随伴者

　フェントンは石川に，田中舘と同様，費用負担の条件に加え，もし同じチョウが3，4匹採れた時は石川に与える，という新条件も付けて次の採集旅行への同行を誘った．もちろん石川は受諾した．

　こうして石川も1877年以降フェントンの旅行に同伴することになった．田中舘より4歳年少だが，既に昆虫をよく知っていたため，採集上フェントンの有力な協力者となり得た．1877年の東北旅行の後，2回の北海道旅行にも同伴することになった．

　石川はフェントンの影響を受け後年，動物学を専攻し，日本の近代的な昆虫学の開祖として東京帝国大学農科大学教授となった．

2. 東北での採集旅行

乗合馬車

英語学校生徒田中舘(21歳)と石川(17歳)を伴い，フェントン(27歳)の一行は田中舘の郷里，岩手県福岡村(現・二戸市)を目指し1877(明治10)年7月11日，東京を旅立った．浅草千里軒から宇都宮までの乗合馬車は早朝5時半に出発した．

1872(明治5)年10月に開通した陸羽道中運輸馬車会社は，宇都宮まで通常12時間を要した．10人くらい乗る馬車の運賃(1人2円プラス荷物代金の加算あり)は，米1升4銭，大工手間1日17銭の当時，県庁高官や豪商が利用する贅沢な乗り物だった．しかし月給130円のフェントンにとっては，3人分の支払いも可能な金額だった．

3人連れの旅で，石川は初めての採集参加だが，フェントン・田中舘の2人は既に前年に前橋までの馬車を利用していた．

当日の田中舘日記には「途中ヨリ雨降ル．馬車ノ家根ヨリ

1877年の奥の細道 (松田2016)

第1章 フェントン　41

雨滴リ甚不便ナリ．夕ニ至テ雨晴レ，夕日ヲ車中ヨリ詠メ蝉声ヲ松間ニ聞キ，甚ダ爽快ナリ」とあって，この時期に梅雨が明けたのだろう．

　行程28里（112km），馬車は少し遅れて夜21時終点の宇都宮に到着した．宇都宮での駅舎は伝馬町手塚舎で，日光への街道（現本郷町通り）との分岐点（追分）であった．

　手塚舎の南側にあった大銀杏は，周囲を住宅に囲まれながら，今も往時の形を残している．

　利根川を越す栗橋などで馬の交代もあったのだろうが，長時間の走行は苛酷な使役であり，時に馬の命を奪うことがあった．

　手塚舎の北東200m，寺院延命院に馬頭観音の碑が残る．西門を入ってすぐの所に1879年6月，手塚五郎平らの名で宇都宮・東京往復馬車を悼む供養塔が建てられた．

当時の宇都宮

　1869年，廃藩置県により宇都宮県が設置され，県庁が置かれた．1873年，栃木県と合併して県庁を栃木町に譲り，宇都宮町となった．1877年，フェントンらが奥州目指してここを通過した時期，宇都宮町には県庁がなく，戊辰戦役（1868年）の戦禍から復旧の途上にあった．

　1884年には栃木県の県庁所在地となり，人口は1889年に隣接集落を合わせ約3万，市制施行の1896年に3万5089人，戸数7013戸と記録されている．

手塚舎（ミュージアム氏家2003）

日本の宿

到着した3人の当夜の宿は，手塚舎の東100m大通り南側に面する白木屋だった．太平洋戦争末期に戦災で焼失するまで大きな旅館を営み，現在は同屋号の画材店を営んでいる．

白木屋（個人蔵）

同じ1877年日本到着早々の動物学者モースらが6月29日，10日間の日光旅行で宇都宮に宿泊し「清潔な宿に泊まった」と記録がある（宿舎名は不詳）．一方，田中舘は日記に「臭気甚し」と書いていた．

東京大学教授に就任予定のモース一行と，学生連れの英語学校教師フェントンらでは（同じ宿であったにしても）宿賃に応じ部屋の格が違ったのだろう．

翌朝モースらの日光への出発に際し，宇都宮の「人口の半分」が群れをなして押し寄せ，自分たちの衣服や動作に好奇心に富んだ興味で観察したという．宇都宮の人口は1875年で1万5061人．もちろん誇張した表現だろうが，当時，外国人はそれほど珍しかった．

ちなみにモースの日本体験談「モースその日その日」（全3巻）平凡社の訳者石川欣一は，石川千代松の子息である．

モースの体験

モースは，広島近くの日本の宿での体験を次のように残している．

宿を離れ，短期間の外泊する行程に，携行不要な時計と金を預けたい，と宿に申し出た．承知した亭主に代わって召使いが盆にそれらの品物を受けたが，そのまま部屋の畳に置いて去った．

不審に思ったモースだったが，1週間の旅を終えて戻ると，品物は預けたまま置かれていた．当時の日本の公徳心は外国人を驚かせ，英国や米国の旅館での注意書きに比べ正直さを認めざるを得ないとモースは述べている．

奥の細道・奥州街道を北上

7月12日曇りの日に3人は宇都宮の宿を出立した．雇った馬に荷を載せ，目的地まで芭蕉と同じく徒歩．江崎の紹介した「蝶行脚・奥の細道」の開始だった．町の北東，田川に懸かる幸橋を渡り，宇都宮町を外れると竹林村・岩曽村で，もはや街並みは途絶え松並木のみが続く．

2000年初めまで竹下町（首切り地蔵）付近に一本松が残っていたが今はなくなった．海道新田付近には，現在でも針葉樹などの並木が昔の街道の面影を残しているが，道路の拡幅が進みつつあってここも危ういだろう．

関東平野部のチョウは過去2年に一通り調査済みであって，あまり注意も払わなかっただろう．稚児坂を登ると最初の宿場白沢宿に近づく．この付近は，現在でも宿場の風情が残っていて，道の両側を豊かな水路が流れ，家ごとに屋号が示されている．

白沢宿

宇都宮を出立した後，次の白沢宿までの田中舘日記には「白沢ニテ昼餐ス　二里三十一丁」とだけある．この地の名物はアユと

ゴボウ汁だったが，日記に何を昼食に取ったかの内容はない．

まだ稀な外国人を含む一行の通過はさだめし周辺の人々に奇異と映ったに違いない．地元の人々に1877（明治10）年7月12～4日，と日を定めて，街道筋の日記など古記録の探索を求めたことがあるが，何も発見できていない．

上阿久津右岸の道標

昼食後，白沢宿を発つと間もなく奥州街道が鬼怒川右岸にさしかかる．対岸が阿久津河岸（カシ＝物資の集散所）であり，ここを過ぎると氏家に至る．

氏家と阿久津―物資と人の集散―

江戸幕府は各地との参勤交代と江戸への物資移送を求め，地方への産物配布を図った．奥州街道氏家宿は東北一円の街道の結節点として賑わった．移動に「人は道，物は船」が原則で奥州街道が鬼怒川と交差する阿久津は，江戸への船運の拠点河岸として繁昌した村落であった．

阿久津とは圷（あくつ）の意で氾濫原の低湿地を指し，次の氏家も

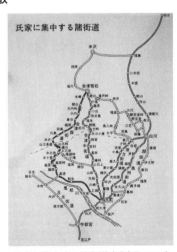
氏家に集中する諸街道（氏家町1994）

第1章　フェントン　45

フチ（縁）エ（江）の訛化と考えられ，いずれも鬼怒川左岸・湾曲部の低平地に由来しよう．戦乱の治まった1606年頃，江戸から鬼怒川を遡上する船運の最上流部として阿久津河岸が設けられた．

広く背後各地と江戸との間を往復する物資の集積所として大規模な集落が発達した．

新しいチョウの発見

Butler（1881）には *Lycaena alope* の採集記録として次の記述がある．

> Appeared to be confined to the river-bed, which the Oshiukaidou crosses at Akutsu,
>
> Shimodzuke : middle of July
>
> （奥州街道が下野阿久津で交差する河床に〈生息が〉限られるように見える．7月中旬）

渡し船で鬼怒川を右岸から左岸へ渡河する前，もしくは後に，まだ陽の高い時分フェントンは草むらを飛ぶ小さなシジミチョウに注目した．それまで日本で度々出会っていた，平野に普通のヤマトシジミによく似ているが，裏面の斑紋に特徴があって区別できた（口絵1頁下写真）．

3人の共同作業

フェントンは2種の僅かな差異を見落とさず，田中舘・石川の2人に三角紙（捕らえたチョウを納める半透明の紙包み）に納めた双方を示し，見分け方を教えたのだろう．

3人がかりの態勢を活かし，手分けして付近一帯の生息状況を調べ，短時間で上のような分布上の特徴を掴んだ．後に生態が解

明したこの新しいチョウ（後のシルビアシジミ）は河川敷に育つ
ミヤコグサを食草とする．成虫が河床に限って生息する特徴を，
3人の協力で見事に把握した．

奥州街道と鬼怒川水路の交差地，分布北限の生息地，年2回目
の成虫発生時期，という3点が幸運にもここに出揃い，フェント
ンの慧眼と相まって日本でのこの種の発見となった．

田中舘日記には白沢宿以後，「喜連川釜屋ニ一泊ス」とあって
阿久津付近での採集に関しては何も記述がない．

フェントンがこの地を通過するのは，これが初めてではなかっ
た．関東地区の周回を果たした前々年，日光を経て東京へ戻る経
路に同じ場所を通過した．日周期，発生期的にチョウの活動時期
を外れていた可能性が大きい．

国内での分布

2014年に能登半島志賀町でシルビアシジミの生息が再確認さ
れた．海岸の断崖絶壁という異質の生息環境だが，ミヤコグサ依
存は同じである．北緯37°付近と氏家より30km以上北方に当た
る（三輪2014）．この日本海側の本種は斑紋の特徴，幼虫の習性
で他地域と違いがあり（木村2015），太平洋側と系統的に違う由
来の個体群か，長く隔離状態で続いている可能性がある（p.127
追記）．

チョウの名前 *Lycaena alope* はバトラーが記載する1881年まで，
さらに和名シルビアシジミは，この後60年以上待つことになる．
フェントンの与えた学名 *alope* はギリシャ神話のCercyonの娘で，
泉に変身する人の名であり，水辺に因んだものだったのだろうか．

第1章　フェントン　　*47*

シジミチョウの里帰り

この時フェントンが採った標本は大英自然史博物館に所蔵され，2003年の企画展に向け画像が里帰りした（口絵1頁上写真）．

昆虫愛好会の会員森島啓司は大英自然史博物館と親しく交流していた．昆虫・チョウ類担当のエッカリィAckeryに依頼し，第1回企画展に向けて（実物の借用は無理だが）鮮明な画像が電送されてきた．採取後，速やかに適切な処置を施したことが明らかな見事な姿が126年ぶりに「里帰り」した．

翅周囲の微細な縁毛が美しく保存されている．これは採取の当日，新鮮なうちに喜連川の釜屋で，フェントンが息を詰めつつ携帯用展翅板で標本を作成した成果と思われる．

シルビアシジミは2004年12月15日には氏家町の，次いで喜連川町と合併したさくら市の天然記念物に指定され，生息地とともに保護活動が進められている．

白河以後の旅路

一行は7月12日，喜連川釜屋に泊まり，以後は越堀（13日泊），白河（14日泊）と進んだ．

白河以降，田中舘は郷里（福岡村）へ直行し2人と別行動を取ったので，以下の日程記述は石川の懐古談に従う．

それによれば，白河での宿泊の時，フェントンは旅行免状をポケットに入れた

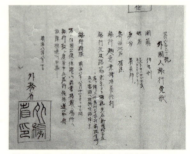

旅行免状の例（群馬甘楽町資料）

まま洗濯に出してしまった．その結果，免状は滅茶苦茶になり，以後の旅行に差し支えることになった．警察に相談して東京から新たな免状を取り寄せることになり，ここで5，6日の滞在を余儀なくされた．

磐梯山登りと……

その後，猪苗代湖南畔の船津から猪苗代町へ船で向かうのだが，強風のため，東岸の村で休み，日暮れに町へ着き，翌日磐梯山に登ることにした．

すると村人が山に登るには数日肉食を断ち，身を清めねばならない，さもないと案内もできないという．警察の巡査と小学校校長に説得してもらい，やっと案内人に納得してもらった．

翌朝，2人は案内人とともに磐梯山に登った．すると頂上まであと一息のところで石川が腹痛を起こした．案内人は，異人さんはともかく，石川は「きまり」を承知していて（それを守らず）登ったのだから，これはお山の祟りだ，と逃げ帰ってしまった．

止むなくフェントンが石川を背負って町まで帰ったが，事情を知った宿屋は泊めてくれなかった．またしても巡査と校長の協力を得てやっと3，4日泊めてもらい，石川は寝て過ごした．その後，完全には治らないが，ようやくここを出立した．

石川を牛の背に載せ，やっとの思いで桧原村から峠を越え，米沢方向へ向かった．

米沢盆地

彼らが通過した磐梯山は，その11年後の1888年7月15日，大爆発を起こし，北側に大量の土石を流下させた．結果として多く

第1章 フェントン　49

の堰き止め湖が生じた．当時の峠道は今は通過できない．

この旅ではこの付近で次の2種が採取・記載されている．

種名と採取地名は：

Thecla ibara ウラキンシジミ：Ibara pass, Dewa

Thecla orsedice ウラクロシジミ：Iwashiro　である．

各々桧原峠・出羽，岩代（福島西部）を指す．採取時期は共にsecond week in Julyとなっているが，採集旅行を開始後の第2週に当たる7月19〜25日と推定される．

2人は桧原峠を通って北方の米沢へ達したと思われるが，この近辺の道筋に関する直接の記録はない．松田は2016年4月，この付近を米沢市から南方向に歩いて，当時の行程などを検証した（松田2017）．

美しい盆地—楽園—

フェントン・石川が通過した翌年（1878年）7月には英国人女性イザベラ・バードが米沢近辺を通過した．彼女は従者伊藤との2人で，日光から会津付近を経て，一度新潟市へ達した．その後，日本海沿いを少し北上してから，関川村で東方に向かった．

この道は十三峠越え，という難路を進むコースだった．ほぼ現在の米坂線（国道113号）に沿った経路で，米沢北部の現川西町へ出たと見られる．

イザベラ・バード（イザベラ・バード・高梨2000）

民俗学的な関心の高いバードは，既に文明で開かれた日本の姿ではなく，「あまり人の通らない道＝未踏＝Unbeaten Tracks」を好んで選んだのだった．しかし，この十三峠越えの区間では，あまりの悪路と困難さのためか，彼女の記録は順序が前後に乱れている．さすがのバードにも耐え難い困難を味わったのだろう．

　バードが到達し，北方から遠望した置賜平野は美しい盆地で，東洋のアルカイダ（楽園）と映った．度重なる転地と減封を強いられたが，上杉鷹山などが村民を切り捨てずに抱え，武士とも，質素な暮らしを旨とした．この米沢藩の緻密な土地利用形態が，遠望には美しく楽園と映ったのだろう．

　この後，バードは北海道に向かい，フェントンらの北海道足跡（1878年）と間近な場所で交差することになるが，両者の間に直接の接触は起こらなかった．

チョウ名の記録

　田中舘日記には1877年7月15日「白河ヲ発　二十町バカリノ処ニテ手ヲ握シテ両氏ニ別レ　途ヲ東北ニ取リ……」とある．田中舘はここで2人と別れ，自身は直接郷里へ向かった．従って，フェントンら2人の以後の行程に関して田中舘の記録にはない．

　4日後の日記には「19日　白石ヲ発ス　フェントンを得タリ　石籠稲荷ノ辺ナリ」と書いていた．この

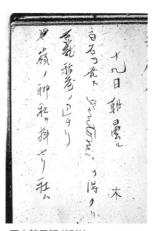

田中舘日記（部分）

記述から，田中舘がフェントンたちと白石で再び会った，と考えた時期があった.

　石川の記述から，この日程進行に疑問を持ち，日記原文を得ると，当該部分の記述は英文字Fentoniiであって，これが人名でなく，昆虫の学名を指すものと判った.

　フェントンが日本から英国へ送ったチョウ試料の第1便内容は1877年1月にバトラーによって公表されていた. この報告で新種記載された*Neope fentoni*（キマダラモドキ）の学名を，彼らはこの旅行出発前に知り得る立場にあった. 白石付近には現在もこの種が生息しており，田中舘がこの場所でキマダラモドキを採取した可能性は充分あった.

学名での呼称

　田中舘日記には，この前日にもチョウの記述がある.

　「18日　貝田ト越河ノ間ニテJaponicaヲ見タリ　採ル能ハズ」とあった.

　これは*Euripus Japonica*（ゴマダラチョウ）を指すと思われる. 一人旅の田中舘が，チョウを判別し，日記にその種名をラテン学名で書き留めたことには驚く.

　しかし，当時日本の昆虫には未だ公式の名前（和名）は成立していない（1900年頃から）. 従って特定種を指すにはラテン語学名の種小名しかなかった.

　学名は属名＋種小名の2つの名で成り立っている.

　属は近縁種を含むグループの名，種小名は1種ごとを区別する名を示す.

　日常，彼らは標本や飛んでいる昆虫を前にしての会話でも，種

を特定するのに学名を用いるしか「呼び名」を持たなかったのだ.
ましてやフェントンを交えた場ならば…….

日本海側から東へ

フェントンと石川は, 米沢盆地を経て北上した. 山形, 六十里
越えを経て月山, 鳥海山に登り, 最上川を船で下って日本海側の
酒田に出た. 北上して秋田に出た後, 奥羽山脈を横断して太平洋
側へ向かった.

この間, 生保内付近では花屋に宿をとり, 開け放しで椅子や机
を備えた, 西洋風中二階の部屋に泊まった. 彼らの部屋近くに,
不思議な客でもない人々が数多く現れた.

翌朝, 宿賃を払う段になって主人は取らない. 自分はかつて横
浜にいて, 常々西洋人のことを村人に話していた. 村の人々にフェ
ントンを見せたので勘定不要と, いわば「見せ物」になっていた
と判るが, フェントンには言えず, 石川は包み銭を置いて発った.

宮城県境近くの難所・断崖では, 甚だ危ない思いをしながら越
した. 即ち深い急流から垂直に立つ崖に, 2, 3尺置きに足の入
る穴があり, 上方は手で掴まる石にしがみついて5, 6間(10m
前後)ほどの場所を渡るのだ. まるでクモが這うように囓りつい
て渡った.

地元の人は重い荷物を背負って巧みに渡っていくが, 石川らに
は空身でも困難だった. この現場については松田が2009年に検
証し, 現在の宝風橋(生保内の東約2km)付近(六枚沢)のことと
確かめている.

雫石付近から盛岡を経て2人は8月1日, 目的地福岡村に到着
した. 宇都宮出発から20日間, 約570kmの徒歩旅だった.

第1章 フェントン　53

南部

江戸時代，盛岡藩（現在の青森県東半・岩手県北半）の国名を俗に南部と呼ぶ．馬と漆を特産とし，現在では鉄器や煎餅などにその名を冠している．歴史の実証的な探求はなおも進行中だが，おおむね以下のようだ．

1333年，甲斐国南部庄（現山梨県南巨摩郡南部町）の一族（南部師行）が新たに陸奥の国代に下った．当初，三戸に住んだが，跡を継いだ弟が八戸を拝領するなど，一族がこの付近の長となった．地域は馬産を好くし，年貢としたので「戸立」地区として栄えた．

八戸南部氏と三戸南部氏を中心に，各戸の家系が続いた．

15世紀末，海沿いの九戸氏（出自が多少異なる）が内陸に進出し，二戸の地に宮野城を築いた．三戸南部との間で抗争を生じ，16世紀末には「九戸一揆」が起きた．

豊臣指揮（奥州仕置）のもと，破れた宮野（＝九戸）城に替わって福岡城を設けた．ここに三戸南部氏が入って南部の首都となり，城下町（九日町・五日町＝現二戸市）が出来た．御家人などの住居は川場で福岡村の元となった．後年，南部氏は盛岡城へ移るが，家臣の次・三男は当地に残り住んだ．

明治維新の際，盛岡藩は奥羽列藩同盟の指示を守って帰順した秋田藩と争い，朝敵とされた．廃藩置県に伴い，旧盛岡藩は青森県・岩手県に分かれ，明治政府に冷遇された．

福岡町─南部の中の南部─

福岡の地は変遷と苦難の歴史を経て，独自の気風を備えた集落だった．盛岡藩発祥の地の誇りを持ち，愛橘は「慷慨悲歌の士が

居った所」と表現した.

　福岡出身の下斗米秀之進（相馬大作）は盛岡藩主への忠誠から，1821年，弘前藩主に隠居を勧め，襲撃・脅迫を企てた（未遂）．事件は「みちのく忠臣蔵」として称えられた．

会輔社

　町の伝統を会輔社が支え，精神的支柱となった．長州藩士小倉鯤堂が1858年，福岡を訪れ，小保内孫陸（呑香稲荷神社神官）らの依頼で会輔社を起こした．孫陸の長男定身が戻って社長を継ぎ，学習・政治結社となった．相馬大作の精神を引き継いで「東北の松下村塾」と呼ばれ，盛岡藩内の勤皇精神を旨とした結社だった．

　会輔社は16名の若者を集めて発足した．愛橘の父田中舘稲蔵(とうぞう)は発足時からの一員だった．会輔社が中心に創設した稲荷文庫は，岩手県初の私設図書館として有数の書籍を所蔵した．会輔社は1878年，私学校に改組され，後に1901年，県内で3番目の旧制中学（福岡中学校）設立の基礎となった．

一家の上京

　田中舘家は福岡町の馬淵川沿い下流地にあり，ここが愛橘の生家だった．1873年6月，田中舘一家は家財を始末して東京へ移住した（稲蔵は先行，愛橘は盛岡の藩校を経る）．表向きは子弟の

呑香稲荷神社

第1章　フェントン　　55

教育のためと称したが，内実は1868年11月，明治政府が東京へ護送した若い藩主南部利恭の身を案じてのことと推察されている．

1871年，版籍を奉還した利恭は盛岡藩知事に任ぜられた．稲蔵は福岡に戻り，稲荷神社の参道正面（東側）に，新たな家を求め住んだ（現高齢者語らいの家）．

「郷土の希望の星」として勉学中の愛橘と弟甲子郎は，そのまま東京に残った．

異人・フェントンとの接触

このような勤皇の地にとって外国人を迎えることは異例の出来事だった．稲蔵は会輔社の中心的人物で，異人を迎えることは一見，不可思議だった．

一方，愛橘は東京で英語学校に在籍し，1874年6月9日の日記で「ダニイ先生の病気の間，F・・・n先生に教わることになった（文字不明瞭）」と記した．これがフェントンとの初の出会いだった．

フェントンの来日は1873年夏，英語教師の発令は翌（1874）年1月24日なので，教壇に立って約4カ月後の出会いだった．以後，この両者は接触を深め，1875～6年夏に愛橘が2回の採集旅行で案内役を務めた．

愛橘はフェントンの人間性に深い信頼を置くに至っていた．東京を離れていた稲蔵は，フェントンとの間に直接の面識はなかったが，愛橘を通じた接近により好意的な心情を抱くに至ったのだろう．

稲蔵らの歓迎

1877年8月1日，フェントンと石川が福岡村に到着した．

白河で2人と別れ，福岡へと直行した愛橘だったが，途中の見物や知人に会い，福岡到着は2人の到着直前の7月30日だった．神社向かいの新・田中舘家が来客2人のための宿だったと思われる．

田中舘家

　愛橘を介し初めて面談し，その挙動を目にした稲蔵は，フェントンの紳士的で謙虚な人柄に信頼を置いたと思われる．一方のフェントンも，稲蔵はじめ福岡の人々の純朴な言動と生活が己の心情とよく合致し，日本人に対する一層の親近感を抱いたようだ．

　この後，出立する8月20日まで，福岡を拠点に十和田や折爪岳など近隣の山々などで採集した．なかでもフェントンを強く印象付けたのは，福岡で行った糖蜜採集（Sugaring）と，田中舘家で受けた家族的な接待だった．

フェントンの回想

　この年のフェントンは既に来日後4年を経ていたが，それまで彼が日本で接してきたのは，官舎や旅先の宿屋での滞在経験だった．

　福岡では全く異質の体験を得ることになった．即ち田中舘家への宿泊は初めて経験する"家庭内の逗留"であり，親身で心温かいもてなしがフェントンの心情に深くしみ込んだものと思われる．

　フェントンはその有様を後年，田中舘に送った手紙の中で「繰り返し」述べ，印象的で楽しかった思い出として想起した．フェ

第1章　フェントン　　57

ントンが，これらの処遇を素直に享受する資質を備えたためといえる．

　手紙14（1881. 5＝帰国直後）「かの地（福岡）への私の楽しい訪問が，あたかもそれがわずか一日前に起こったことであるかのようにありありと思い出される」

　手紙15（1883. 11）「私はしばしば（ご両親とご祖父が）私をもてなしてくださった楽しい訪問の時のことを思い出しています．墓地の雑木林の中でほとんど毎夜の夜間作業ともいえる糖蜜採集（business of sugaring）のこと．そして12時頃家に辿りつき餅菓子（cakes of mochi）と，砂糖かクルミ菓子（sugar or walnut kashi）で夜食を食べたこと」「そして次の日，寺の近くの書庫（library near the Temple）にたくさんの椅子を運び込んで，我々の獲物の整理をしたこと．こんなにスピーディに家に辿りつくことができるなんて，なんと便利なことでしょう」

　手紙22（1924. 2）「福岡での楽しかった頃を思い浮かべます．お母様が遅い夕食にと心をこめてクルミ菓子を作ってくださった夜，寺の森で蛾を集めるため糖蜜を設置したことを憶えていますか（心をほのぼのとさせるたくさんの思い出）」

　（この他にもあるが，省略）

日本での糖蜜採集

　現在，日本で糖蜜採集といえば「クヌギなど樹木の傷口が分泌する樹液が発酵して，多種の昆虫を誘引する現象」か，人為的にこれを模倣する採集法である．現在の書物で糖蜜採集の説明は「樹液に集まる昆虫の採集法」の項に属し，「黒砂糖とアルコール類の混合したもの」が誘引剤に用いられる．

もう1つ同様の混合物を用いる方法は，オサムシ・ベイトトラップで，誘引剤に酢・黒ビール・黒砂糖などを利用する．ただし，後者は樹液の例より新しい方法で，欧米で1955年頃から，日本で1958年頃から始まったものだった．

英国での経過

　一方，英国での由来は次のようなものだった．

　Edward Doubledayのヒントは，中庭の倉庫裏に置いた空の砂糖樽に，ガが誘引されるのを見つけたことだった．彼は樽をもっとガの多い場所へ転がしていけばよい採集法になる，と推奨してはいるが，その実施には至らなかった．Selby, P. J.がこれに注目し，蜂蜜と空の巣（beehive）で試してみた（1839）．

　1841年，Henry Doubledayは，樽や蜂巣を省略し，糖混合物を樹皮に塗ることでガ（ヤガ）の誘引に成功した．間もなく採集家たちは，さらに発酵した果物または小量のOld Jamaica（ラム酒）を加えると誘引力が増すことを発見した．これで「糖・芳香物質・アルコール」の3要素が揃うことになった．

　このように（異説もあるが）英国では日本の「天然樹液」模倣の方法とは違った現象—砂糖への誘致—に採集法の起源があった．OED（Oxford English Dictionary）にもsugaringの語の一意として，「夜間の鱗翅目・アリ・ゴキブリの採集法」が挙げられている．

　フェントンの来日は1873年であり，Doubleday兄弟による英国の技法を頭に入れて来訪したと思われる．英国での知識から彼は糖分に力点を置き，この採集法にsugaringの語をあてた．

福岡での糖蜜材料

何を材料に福岡でsugaringを行ったかの記録はないが，奥昭夫の助言を受け，当時の環境などから想定すると，以下のようになる．

アルコール材料は清酒でなく，焼酎だった可能性が高い．芳香成分には，より不純物の多い「濁酒」が適していたろうが，田中舘稲蔵は武士道精神を律するのにことのほか厳しかった人なので，濁酒を自宅で造ることはもちろん（当時も密造は違法行為），自宅で入手して呑むこともなかった．

糖分は，もし黒砂糖が使えれば使ったろう．ザラメであった可能性もある．

黒砂糖と焼酎が主原料だったとして，熟した果物（桃・柿など）があるとよいが，季節的に難しかった．ちなみに青森にりんご苗が初めて米国から導入されたのは1877年だった．糖分を加熱溶解し，酒類を加え数日放置し，自然発酵を待った可能性がある．後の日程にあるように，福岡でのsugaringはフェントン到着の5日後に初めて実施された．

採集現場

彼らの関心はガ類にあって，もっぱら夜間に採集を行った．当時の様子を推測すると福岡での宿田中舘の家は，街道（現4号線）に面していた．夕方，家を出て街道を南に約100m進み，久府坂を左手に折れる．糖蜜塗布の効果は早すぎても，遅すぎても成果を期待できないので時刻を選んで出発した．行き先は街道の東側，少し高台にある勧善寺の墓地林（現祖霊社墓地）で，現在はここに愛橘の墓がある．この墓地周辺の雑木林を目的地にした．

勧善寺の林相は当時も豊かとはいえないものだったが，山際の斜面・通路近くにエゾエノキの大木があり，これを利用したと考えられる．エゾエノキは一般住宅でも北西隅に神の依り代として植えられた．暖地でしばしば樹液誘引に利用するクヌギはこの地域に生育しない．

ガ類の襲来

付近一帯が暗くなる頃，匂いに誘われ大小のガが樹幹に集まる．文献的な知識は持っていたフェントン自身も，糖蜜の劇的な効果を体験し，大いに興奮しただろうか．

提灯の明かりを頼りに，仕掛けた木肌表面を見守り飛来昆虫の中から，獲物を選んで捕らえる．採集した虫は丁寧に大型の三角紙に納めた．大型毒瓶を使っただろうか．

初発見の虫に出会えば，興奮した英語の感嘆詞が飛び交ったろう．自然豊かな福岡での獲物は充分に多彩だったのではないか．

帰りは獲物の入った容器を抱え，夜道を提灯の明かりで照らし家に急ぐ．家まで10分とかからない至極便利な所だった．宿の田中舘家には配慮しつつも夜半12時頃まで過ごしたのは，紳士フェントンにとっても思わず心配りを忘れさせる感激だったのか．

楽しい夜食

田中舘の家では稲蔵夫人キタが夜食に餅菓子，砂糖・クルミの菓子を準備して待っていた．稲蔵も寝ずに客人の帰宅を待っていただろう．稲蔵は夫人運に恵まれず，愛橘の生母キセを失い，次の夫人エキも2年前に没し，3人目の夫人キタが接待に当たった．

奥の解説では，餅菓子とは味噌餅だろうという．小麦粉を練っ

第1章　フェントン　*61*

て6〜10cm径の平たい丸餅を作り，味噌をつけて焼く．香ばしい香りが活動で空腹になった客人の食欲をそそった．クルミの菓子とは今日でいう「南部煎餅」を指し，クルミは最も上等な調味料だった．「クルミ」の語は貴重で美味な調味料の代名詞であった．

フェントンが繰り返し手紙に書いたように，採集後の食事が懐かしい思い出として強く記憶に残った．お茶とともにこれらを食べ，夜は体を拭いて寝る．入浴は特別のことがない限り贅沢で，滅多に行われなかったという．

次の日の標本作り

翌朝は早起きして標本作りだった．日中は近くの山への採集にも出かけるから忙しい．

標本作製は「寺の近くの書庫」とあって「稲荷文庫」のことだろう．椅子や持参の展翅版を並べて準備した．

昨夜の収穫物中，稀少種・小型種を中心に針で刺し補助針で整形する．一夜で多数の獲物が得られた場合，翌朝に一部だけを処理し，残りは三角紙で保存しただろう．

実行可能な時間・日程の範囲で，こんな糖蜜採集と標本作製，昼間の採集と充実した日々が続いた．福岡近傍で出会う昆虫は，種類も個体数も相当多かっただろう．フェントンにとって一定の場所に滞在し，昼夜に及ぶ採集を行って得る収穫は，それまでの徒歩旅行での成果とは違った質・量であり，大きな満足感を与えるものだったか．

実施の記録

田中舘日記によればsugaringの実施記録は以下の通り．

8月1日　フェントン・石川，福岡到着.

　　　2日　穴牛山ヨリ村松山ヲ集メタリ．Jonasiii（注：ジョナ
　　　　　　スキシタバ）ヲ取ル.

　　　3日　折詰嶽ニ登ル．八戸海岸見ユル．蝦夷ノ山遠ク見ユル.

　　　4日　左右山ニ登ル.

　　　5日　此日三人道ヲ異ニシ蝶ヲ採ル.

　　　6日　勧善寺山ニ砂糖ス.

　　　7日　同

　　　8日　フェントン・石川氏ヲ伴ヒ十和田ヘ発ス（以下省略）.

　　　9日　（十和田・迷ケ平デ）夜sugaringニ行ク．（very
　　　　　　poor）（収穫少ないの意，以下略）

　　10日　（迷ケ平発）夕時家ニ帰ル.

11〜14日　（日記記載なし）

　　15日　少シ曇ル.

　　16日　猛雨.

　　17日　勧善寺ニsugarス.

　　20日　フェントン・石川氏ヲ送ル.

　　23日　夜ニ勧善寺ニsugarス.

　フェントンは手紙（No.15）に「ほとんど連夜のように」（almost
nightly）糖蜜採集を行ったとある．だが可能な8月6〜19日（14
日間）の間に，記載のない期間を含めても最大8日間，確実なの
は4日間だった．天候，月齢などを考慮した可能性はある．
　予想以上の収穫が得られた記憶が鮮烈で，フェントンに過大に
印象付けられていたものか．田中舘は2人が東京へ帰った後の
23日にも，単独で糖蜜採集を行っていた.

田舎での体験

手紙11（1879.2.4在日中）「私は今日は少し気分が悪く，ひどい頭痛がし，のどがヒリヒリ痛んでいます．田舎の楽しい旅行をすれば，恢復するでしょう．東京は私の身体に合いません」とあって英国でも地方で育ったフェントンには，地方での生活が性に合致した，と推測される．特に福岡村田中舘家での歓待と糖蜜採集が終生忘れ得ない思い出だった．

高橋富雄は，二戸市を愛称フェントニア（Fentonia）と名付け，Alexandria，Constantinopleのごとく個人名を冠した都市名を提案した．

1883（明治16）年12月，田中舘稲蔵は切腹死を遂げた．自分が郡長に任命され，職務と義理との板挟みを解決するための手段だった．そんな時代と人だった．

3. 北海道での採集旅行

北海道旅行

1878 (明治11) 年にフェントンと石川は北海道へ向かった．このことはモースが確かな記録を残している．

7月12日，横浜港から，フェントンはモースら一行とともに船で函館に向かった．この船は前の航海で魚及び魚肥料を積んだ魚臭い船だった．船酔いした石川は未だ酒を呑んだことがない身だったが，モースにブランデーを呑ませてもらい気持ち良くなった．

一行は7月16日に函館に到着し，モースらと別れた2人は英国人ブラキストン宅を訪問した．鳥類研究家だが当時，函館で製材業など事業を行っていた．

何日間か函館山で採集をし，七飯蓴菜沼などへも行った．森へ泊まって駒ヶ岳に登り，森から室蘭へは1日がかりの和船で渡った．苫小牧では，宿に着いた2人がアルコール瓶を並べたりしていたため，娼婦の検査医と間違われたりした．この後，札幌へ向かう．

フェントンらの行動を松田が図示した．北海道といって

北海道周路 (松田1999)

第1章 フェントン　65

も，その南西部に限られ，函館を起点に，室蘭―苫小牧―札幌―小樽―長万部を反時計回りに結ぶ線の範囲だった．

経路の前半は1873年に開通した札幌本道（函館―森―〈海路〉―室蘭―札幌の馬車道）を経由したものと推測される．

フェントンは東京―函館の間，往復とも船を利用したが，石川は帰途の8月23日，単身で福岡村に寄って陸路を帰京した．

当時の北海道

当時の北海道は未だ開発初期の開拓使時代で，道全体で約15万人の移住者がいたが，札幌近辺に8000人ほどだった（原在住者を除く）．

1874年，明治政府は，北方の警備と開拓を兼ねる屯田兵制度を創設・実施し，一般村落はその展開を追って拡がった．札幌周辺（琴似・発寒・山鼻）に先駆的な士族屯田兵が駐留したのが1875年以降であり，一般人の行動できる範囲はごく限られた地域だった．

1876年，ここに札幌農学校を開き，クラークらを招いた．クラークが8カ月半の任期を終え，「少年よ，大志を抱け」の言葉を遺して札幌を離れたのは，フェントンらが訪れる前年1877年4月だった．石川も「当時の札幌は本当の新開地で疎らに家がアチラコチラにあったくらい」と述べている．

北海道での困難な採集

フェントンはバトラーの報告の中で「北海道の野生（wildeness）のため踏み道を辿らざるを得ず，道を横切るものを捕らえただけだった」「無数の吸血昆虫に襲われ，我が身を守ること以外ほと

66

んど何もできなかった」と述べている.

　後に石川への手紙(1883.11.26)でも「我々が銭函で見た凄い野獣(beast)ほどのものを見たことがありません. あれに匹敵するものはありません」と述べている. おそらくヒグマに直面した体験だろう. 昆虫の採集どころではない悪条件を押しての行程であり, それまでの本州各地では巡り合っていない調査だった. しかし, 多くの収穫があった.

　モースらの北海道行きも採集が目的だったが, 彼の対象は(海産の)貝類だった(主眼はシャミセンガイ[腕足類:擬軟体動物]). フェントンらと同じ範囲を, しかし逆方向に回った. 函館から小樽までは船旅で, 西海岸沿いを採集しつつ回った. やがて上陸した小樽からは, 札幌経由で函館までの陸路を, 主に(モースが初めて経験する)馬の旅で進んだ.

　休憩時に, 付近で陸産の貝類を採るくらいだったから, 徒歩て採集を続けたフェントンらほどの困難さには遭遇しなかったようだ.

バードも北海道へ

　イザベラ・バードは, この1878年に東北地方を縦断した後, 青森から函館に渡った.

　バードが函館に着いたのは, フェントンらの約1カ月後, 8月13日だった. アイヌ人との接触を目的とし, 馬・人力車を雇って室蘭・苫小牧・平取と海岸沿いの平野部を往復する約1カ月の旅だった. 内陸部にはほとんど入らない行程だったが, その努力も感銘深いものがある.

第1章　フェントン　　*67*

2度目の北海道　田中舘日記から

　翌1879年夏に，フェントンと石川の旅には確かな記録がなかった．会輔社日記及び田中舘日記に，同年8月7日，フェントン（と石川の2人）が福岡を訪れ，音楽合奏の歓迎を受けた，と知られていた．この福岡訪問が北海道からの帰途だとすれば，2回目の北海道旅行を推定させる唯一の形跡だった．

　田中舘日記に「関与部分」があることを奥昭夫から入手し，間接的だが思わぬ形で，2度目の北海道行きが実証できたものと考えている．

　田中舘日記の1879（明治12）年に次の記述があった．

「7月11日，金，晴．似鳥（ニタドリ：人名）ヲ訪，金受ケ取ル．
　深川扇橋ヨリ八時出発，同行森，多田，及川，斉藤，野呂，ナリ．

　　　フェントン，石川，亦船中ニアリ．夜ニ入リテ古河ニ着ス．」

「7月12日，土，晴．古河ヲ発，宇津ノ宮手塚屋ニ一泊ス．原，途中ヨリ同行．夜雨降」

　即ち，1879年夏，田中舘は友人らを伴って福岡村に帰省したが，その出発地点が深川扇橋だった．経路は江戸川を船で遡り，古河に1泊．そこからは通常通りに奥州街道の陸路を宇都宮・福岡へと向かう道筋だった．

　その深川扇橋からの乗船時に，フェ

田中舘日記

ントン・石川を見かけた，という記述である．これは一体何のためだったのか．

意外な連絡路

江戸幕府は江戸周辺地域の安定・改善のため，大規模な水路の移動・改変を行った．

その1つが「利根川東遷」といわれる水路の移動・改修だった．それ以前，利根川は渡良瀬川と合流した後，江戸川などに通じ，江戸近辺にしばしば大洪水をもたらしていた．

この利根川を東の常陸川に繋いで，水を銚子へ送る事業が「利根川東遷」だった．

この改修は洪水を制御し，平地を干拓すると同時に，新たな物資の輸送路を提供した．その結果，江戸（東京）と関東内陸の各地との間で，人・物資の移動に利用された．

さらにこの改変を基礎に，河底を大規模に浚渫して，1877（明治10）年には外輪蒸気船の就航が可能となった．動力を用いた客船が多数の旅人を運ぶようになった．

動力船の出発点は，幕府がいち早く運河に設けた小名木川（現江東区）だった．深川扇橋を起点に小名木川を東へ進み，中川を通過して江戸川に入るものだった．これを遡って利根川の上流部各地に至ることができた．

川蒸気（山本1980）

第1章 フェントン 69

北海道への出発

この経路の延長上に，扇橋と銚子の間を往復する航路が成立した．銚子は既に以前から北海道と関東東京との物資・人の中継拠点だった．利根川運河が完成する1890年まで，航路の一部は，江戸川筋から利根川筋へ陸路を経る「乗り継ぎ」が必要だったが，それでも東京から横浜へ行って，北海道行きに乗船するより便利だったのだろう．

田中舘日記の記述は，帰郷する田中舘ら一行とともに，フェントン・石川が扇橋から船に乗ったことを示す．フェントン・石川は前部の上等席（約20畳敷）に乗っただろうが，学生の田中舘らは座席（後部の下等席）（約30畳敷）だったのかも知れない．

この記録が「フェントンらが銚子を経由し，2度目の北海道旅行への出発時」と見て間違いないと思う．期日も前年の横浜出発時（7月12日）と1日しか違わない．

石川は前々年の1877年，初めて福岡を訪問した際の帰路，「私丈け関宿から所謂川蒸気で両国橋まで来た」と記している．蒸気船が就航した最初の年に，石川はその一部を試乗し，翌々年2度目の北海道行きの出発時には師とともに利用したものと考えられる．

蒸気船が関東内陸の各地を結ぶ便宜は，間もなく鉄道（岡蒸気）の発達に座を譲ることになるが，その初期段階をフェントンらが活用したのだった．

再度の北海道採集

1879年にフェントンらが再度の北海道に挑戦したのは，前年の困難な採集体験にもかかわらず，その成果がよほど内容豊富だっ

たためと推察される．2度目の北海道行程に関する独自の記録はないが，行動範囲・経路は前年と同様だったと推定される．

1回目の時，フェントンと別れた石川は福岡村に8月23日に着いた．2回目はそれより16日早く，8月7日，2人は福岡村へ到着した．北海道も2度目なので行程に慣れ，前年の個人宅訪問や停滞（七飯・室蘭）を省略した結果だろうと思われる．

福岡村で2人は1877年と同様，歓待を受け，十和田などへも出かけた．到着翌日の8月8日には会輔社での音楽演奏（雅楽？）を享受したとの記録が残る．

帰国

2度の北海道旅行を終え，日本訪問の目的を果たしたと考えたのか，フェントンは翌1880（明治13）年4月，日本滞在を終了した．在日6年8カ月はお雇い外国人としても長期の方だった．

Japan Weekly Mail紙（1880年4月10日付）記事に4月4日発フランス蒸気船ティーブル号香港行にMontague-Fentonの名が載っている．

江崎が執筆した段階では帰国後，フェントンが私立大学の動物学教授になったと記録された．それ以外，彼の消息はほとんど何も知られていなかった．近年の松田の調査，田中舘・石川への手紙，大英自然史博物館の保存資料などによって出生をはじめとして，仕事，結婚，移住な

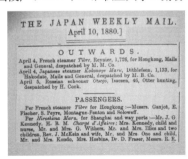

フェントン帰国の記録

ど，後半生の概要が明らかになった．

日本の昆虫記載・第3報告など

フェントンの日本でのチョウ採集品は，全て大英自然史博物館の学芸員バトラーの手を介し，3報に亘って発表された．初めの2つの報告では，文中に採集者フェントンの名前が紹介されるが，新種の命名・記載は全て著者バトラー自身の名義で行われた．

帰国後（直接，バトラーと面談の上でだろう），第3の報告（Butler, 1881）が作成された．この報告で，初めてフェントンは「準著者」の扱いとなり，中のチョウ5種に関してはフェントンが正式な命名者となった．後のシルビアシジミはこの中の1種だった．フェントンの実績に関し，バトラーの評価が改善・向上した結果と見ることができる．

石川は当時大学1年生で，既に動物学専攻に進んでおり，いわば専門家であった．年下で心やすかったためか，帰国後のフェントンは昆虫のみならず，プラナリア，クモ，植物種子など新たな試料の採取・送付を石川に依頼した．石川はこの英国からの要望に応え，また新たに生じた疑問などについても英国のフェントンに相談した．

8. On Butterflies from Japan, by ARTHUR G. BUTLER, F.L.S., F.Z.S., &c.; with which are incorporated Notes and Descriptions of new Species by MONTAGUE FENTON.

[Received September 8, 1881.]

The present paper gives an account of the Butterflies observed in Hokkaido by Mr. Fenton, together with one or two species subsequently obtained from other sources.

第3報告冒頭部（Butler 1881）

ギフチョウ発見時の関与

フェントンが英国から石川を指導した中に，次の課題が含まれ

ていた．

名和靖は1883年4月，岐阜県で不明のチョウ（後のギフチョウ）を採取し，東京大学の石川に送付した．石川は弱冠22歳だったが，1882年7月に大学卒業と同時に理学部準助教授に任命されて

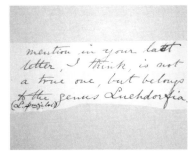

ギフチョウを*Luehdorfia*と指導

おり，既にこの分野では日本の権威者だった．

名和の送った試料を見て，石川は当時の知見でこれを*Thais*属と判断したと思われる．自分の考えを付し，1884年春頃標本とともにフェントンに送付したと思われる（その送り状は確認できず，標本も大英自然史博物館にはない）．

東京大学に保存される返事の手紙（1884.7.14）で，フェントンは「*Thais*ではなく*Luehdorfia*属（*L. puziloi*）だと思います」と石川を指導した．そして，その発見にことさら驚いた気配がない．

この種は1872年，エルショフがウスリーから*Thais puziloi*との名で記載した．やがて1878年に新設された*Luehdorfia*属に移管されていた．従ってフェントンの返事は，当時の命名状況として，最も適切な内容であったといえる．

日本の*L. puziloi*（ヒメギフチョウ）は1883年，プライヤーによって北海道から記録されていたが，どこにも図示されてはいない．だから酷似する，新発見のギフチョウと詳しく比較することは出来なかった．

約1年後の1885年12月に石川はドイツへの留学に出発した．フェントンから得た指摘の内容を名和に伝えたのか判っていない．

第1章　フェントン　　73

石川自身もこの課題を充分に追究する立場から離れてしまうこと
になった.

ギフチョウの記載

結局，ギフチョウは名和の発見から6年後の1889年2月になっ
て，リーチ（Leech, J. H.）によって（*L. puziloi* と区別されて）新種
Luehdorfia japonica と記載された.

当時，状態の良好な標本を手許に，この2つの種を直接比較
し，微妙な2種の差異を識別する立場に立てる人はごく少数だっ
た．プライヤーが死去（1888年）した後，その標本を譲り受けた
リーチが，比較可能な立場に立てた結果として新種を記載した.

在日中に，フェントンが歩いた地域は明らかにこの両種の生息
地域を含んでいて，双方に出会える可能性は持っていた．しかし，
彼の調査時期が英語学校の夏季休暇（7・8月）に限られ，ギフチョ
ウ類の出現期（春）ではなかった．春にも小規模の旅行はあったが，
東京近くの千葉県などで，ギフチョウ類の生息地域には及ばなかっ
た.

もしフェントン自身が直接ギフチョウ類に出会っていれば，ギ
フチョウの学名や和名は現在のものとは違っていたことになった
だろう.

1889年10月，ドイツ留学から帰った石川は，新たに刊行され
た動物学雑誌（1891）にチョウ類の種別解説を掲載した．アゲハ
チョウ科から始まり，自筆の見事な挿図を伴う連載だった．財政
難のため *Papilio* 属で終了し，ギフチョウ類を解説するには至ら
なかった.

日本産チョウ目録―フェントン・リスト―

帰国後，フェントンが石川に送った手紙[1880.7.18]の中で，各個のチョウを学名，または番号で指定していた．これはロンドンで会う知人に，日本のチョウなどを売却する目的だった．つまり2人の間には一連の通し番号を付け，チョウを指定できる共通理解があったことが判る．

これらの番号は意味不明の形で，バトラーが著者となって発表した1878，82年の報告の中に記録されていた．その後，この「番号」の意味が判明し，役立つことになった．

それは東京大学博物場目録Univ. Tokio（1882）であり，その中に「鱗翅目カタログ」があって101種が掲載されていた．石川が作成したこの目録の冒頭には，「M. A. Fentonによる分類」と書かれている．

ここにOriginal No.（原番号）として上記の番号数字のもとに，同一のチョウ種名があることが照合によって判明した．つまり，この一連の数字はFentonが作成したリスト中の通算番号だったと判明した（詳細は中村〈2007〉参照）．

1877〜8年までの採集結果に基づき，フェントンが作成したと推定される日本産チョウ類リスト（仮称Fenton list，127種）に付けた一連の番号と認定できた．若干の重複を含みながら当時としては，最大規模の日本のチョウ一覧が作成されたものだった．

このリストは残念ながら印刷・公表されていない．ただし江崎はかつて自身で，洋紙7枚から成るこの「成果」を確かめていた．惜しくもその現物は今，行方が知れないが，確かにそれが存在したことを裏付けていた．

このリストは，日本のチョウを自らの手で直接調べ一覧にした，

当時，最も堅実な内容だった．印刷物にならなかったので，公式には認定されていないが，フェントンの優れた調査能力と分別見識を実証するものである．

英国での職業

帰国翌年の1881年，フェントンはケンブリッジ大学のSt. John's Collegeに入学した（31歳）．1884年，34歳で同校を卒業し，比較解剖学の実験助手を1年間務めた記録がある．

姉の夫の父Thomas Rhymer Jonesが同講座教授だったが，既に1880年12月10日に死去している．

1885年4月9日，大英自然史博物館が募った鞘翅目の非常勤の職を求めて，動物部門長Gunther, A. E.に宛てた手紙が残っている．この希望は何故か受け入れられず，ついに昆虫を専門に扱う立場には就けなかった．

その後，教育院の下級視学官に就任し（1895年Lancashire Borough地区担当），やがては正視学官（Cambridgeshire, Lincolnshire & Norfolk担当）となった．以後，一貫して教育官僚の職務を続けたと思われる．

英国の視学制度は王室直属の教育行政機構で1839年に発足した．国家による学校査察・指導の意図で設けられ，各地を巡回して教育現場の要求・実情を把握し国費補助金を支給する上で重要な判断を下す任務だった．ほとんどがオックスフォードやケンブリッジの出身者で，高給を得ていた（三好1961）．フェントンがもっぱら都会で机に向かう仕事でなく，地方を巡回する職務に，僅かながら自らの好みに合う仕事を見いだした可能性がある．

結婚と家庭

1889年6月25日，17歳年下のHarriete Eleonoir Binny 22歳と結婚した．

この頃田中舘宛てに，日本での再就職を打診し，文部省との縁を持つ人への紹介を求めたことがある．結婚1年後のことだった．英国での職務に満足していなかったのだろう．

「私はもう1度日本に行きたいと熱望しています」(1890.6.1，フェントン40歳）

この時期，田中舘はベルリン大学留学中だった．田中舘の立場も向上していたが(1891年7月，理科大学教授就任），何より国内の教育に外国人を招くという，従前の日本側の方針は大幅に縮小し，実現が困難だった．田中舘がどう返事をしたか不明である．

結婚4年後，1893年6月19日に一人娘のSylviaが生まれた．本書の主題である，日本で採取したチョウの和名との一致は全く偶然なのだが，奇縁である．

カナダへの移住

1920年前後，カナダ（バンクーバー？）へ移住したが，正確な時期（それ以前の滞在もあり得る）及びその理由は明らかでない．おそらく経済的事情かと推察される．当時，英国やアイルランドからかなりの人数が北米大陸へ活路を求めていた．

カナダで採集した標本を1913年，2度に亘って大英自然史博物館に販売・委託した記録があるが，望むような価格は得られなかった．経済的に決して豊かではなかったのだろうか．

日本産標本の処遇

1923年2月16日，フェントンはカナダから，かねて大英自然史博物館に委託してある自分の標本に関し，同館のライレイ（Riley, N. D.）宛てに次の依頼の手紙を出していた．

「日本のチョウを入れた私の脚付き標本棚（Pedestral Cabinet）のことです．以前からその背面には紙が貼ってありますが，その上に同封する用紙を貼って頂きたいのです．私の死後，娘シルビアが所有権を主張できるようにするためです．」

この時点でフェントンは73歳，自分の年齢を考え，懸案事項の処理を考えたのだろう．日本での採集成果には最後まで愛着を持ち，自己所有としていたことが判る．

この要望に対し，ライレイから次の返事（1923.2.5）が出された（下書きが保存される）．

「（お申し出のように用紙を貼ったと答えた上で）このコレクションをどうするか，の問題を再度お考えになってお返事を頂けませんか」

この問い合わせに対するフェントンの返事は残っていないが，結局1923年7月に標本は大英自然史博物館に譲渡された．その結果，シルビアシジミ1♂1♀を含む15種28個体の標本が移管された．有料だったと思われるが，価格は判らない．

標本ラベルに「1923-613」とあって，1923年，大英自然史博物館が購入・移管した615件（14万2985点）の標本のうちで，最後から3件目（613番目）に登録[Resister number]されたことを示す．

入手順の登録ではなかったと思われるが，手続きの遅れに特に意味はないようだ．同館エッカリー（Collections Manager）か

らの私信 (2005.1.12) によれば「どうしても起きること (that still happens‼)」だという.

米国での終焉

この後間もなく1925年前後, フェントン夫妻は北アメリカ (おそらくカリフォルニア州) へ移住し, 一人娘シルビア夫妻 (Sylvia Watt) とともに住んだ.

北アメリカ生活を10年以上送った後, 1937年3月21日, オークランド市で慢性心筋炎と気管支炎の併発により死去した. 86歳8カ月の生涯だった.

今後, 大英自然史博物館所管のバトラー関係の記録類が整理されて, フェントンとの交信の記録を見ることができれば, 新たな事実の解明が期待できる. フェントンが在日中に日記を書いていた事実が推測され, これが田中舘日記のように彼の子孫の手に伝わっている, と考えるのは夢だろうか.

第2章
中原和郎

明治初期，栃木県氏家町(現さくら市)でのフェントンの旅から，話が一転し日本海側，鳥取県橋津村へと移り，時代も少し下がって明治後期以降のこととなる．

　橋津は，この話のもう 1 人の主役，中原和郎の出生地である．この地に生まれ，東京での少年時代を経て，やがて世界へと羽ばたいた中原の一生を追う．

　英人フェントンが栃木県上阿久津でシルビアシジミを採取したのは19世紀後期(1877年)のことだった．記載名 *Lycaena alope* は1881年，英国の雑誌に載り，和名(日本語の名前)はなかった．この記録が日本で注目されるにはこの後，長い年月が必要だった．

　20世紀に入って同じ種が *Zizera sylvia* と記載され，後に現在の和名シルビアシジミを得る．その由縁には，もう 1 人，日本人中原和郎が登場し，舞台が栃木県から鳥取県へと転じる．フェントンと中原の間に直接の出会いや面識はない．

　フェントンのチョウ採取からほぼ20年後，橋津に生まれた中原和郎だが，父の事業計画に伴い東京へと移った．少年時代から熱心に昆虫の採集・研究に没頭した．それ故に日本での旧制高校進学を断念し，大学での昆虫研究を目指して単身アメリカに渡った．

　類い稀な才能を持った少年中原の人生は，以後全く違った展開を見せた．

中原は折々に自伝的記録を書き留めており，多くの記述はそれらを基として進めた．橋津の菩提寺西蓮寺を訪ねて未発表の諸資料に接し，また養女となった中原孝子とも出会え，貴重な聞き書きを得た．

鳥取県橋津

本州の北側，日本海に面した海岸部，鳥取県のほぼ中央部に橋津村があった．近年の町村合併により，羽合町を経て現在は湯梨浜町の一部となっている．

鳥取池田藩はかつて12カ所の藩倉（御蔵）を持ち，年貢米を収納し，大坂や鳥取城下への廻米に宛てた．優良な橋津米は評判が高く，引く手数多だった．

日本海へ注ぐ橋津川の河口右岸に位置する橋津藩倉は14棟38戸前の最大規模だった（注：戸前は蔵の戸数単位）．湯梨浜町橋津は現在もただ1カ所三戸前の藩倉を維持し，古い歴史を伝承する場所である．

水路と陸路に接して，人・物資の交流拠点を形成し，経済・文化が栄えた点では栃木県上阿久津の地と共通性を持っていた．

天野屋

「中原家史」（12代中原與平・誌）によれば，初代與兵衛は戦役に伴う朝鮮からの渡来者という．河内国（大阪府）天野村で成長し，1630年46歳時，橋津へ移住した．その際，因んで屋号天野屋を号した．

1645（正保2）年，池田侯の藩倉建築に当たって邸及び畑を献上し，自らは現在地に家屋敷を構えた．天野屋は酒造業や海運業を

営み，中原家は鳥取池田藩の大庄屋を務めた．その家屋の一部は近年まで遺存されたが，残念なことに2010年前後に取り壊された．

父孝太の留学

西蓮寺に残る「孝太自伝」に孝太自身が詳細な経歴を書き残している．

和郎の父中原孝太（1870～1943）は天野屋の第13代御曹司であり，伯耆国初の外国留学を果たす進取の意欲を持つ人だった．大学政治学部への入学を希望して上京し，英語学校に入学したが，直接の北米留学に方針を転換した．

1889年12月，サンフランシスコに渡り，翌年6月，ミシガン大法科入学．以後コーネル大からコロンビア大と転じ，父との約束で独立自給して生活を保った．致富法（蓄財法？）の習得を目指した．期間延長を望んだが父の承認を得られず，1892年帰国した．

帰国・帰郷

翌1893年，孝太は東京で日本郵船会社に入社したが，仕事は毎日翻訳ばかりで面白くなく展望が持てない．やがて「居るに絶えず」として同社を辞めた．そして自分で何か事業を始めるには大都会よりむしろ田舎の方が適していると考えていた．

1895年6月には東京加藤嘉庸の長女福子と結婚した．福子はキリスト教式の櫻井女塾（後の女子学院，現在は東京女子大学と併合）に学んだ近代女性で，英語にも長けていた．

孝太両親の要請も受け，同年7月，夫妻は橋津に帰郷した．

そこでは郷里の子供たちが旗を振って歌を歌っているのを聞い

た．歌詞に「中原の主の君」とあって，初めてそれが自分たちのための歓迎行事と気付いた．郷里にあっては外国留学からの帰朝は一大事件なのだった．

後に和郎がアメリカへと出奔する素地には，父孝太のこんな経験から引き継いだものがあったのだろう．

兄妹の誕生

1896（明治29）年9月14日，孝太・福子夫妻の長男として14代和郎が誕生した．

遺される命名紙がその名の謂れを伝えている．即ち「徳富に於いて和翁と郎氏を凌ぐ人物たれ」との期待を示している．これだけでは真の読みが不明だが，幸い孝太自伝の中に，「和翁＝ワシントン，郎氏＝ロスチャイルド」と振り仮名が付されていた．即ちワシントンやロスチャイルド両先達を凌駕するような人徳や富財を備えた人物たれ，と親が期待したことを示す命名だった．

伝え聞くと，中原は終生，己の名の読み方「わろう」が正しく守られることに気を配っていた．

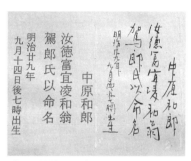

命名紙（右）と活字起こし（左）

中原一家（西蓮寺蔵）．前列左から孝太，和郎，福子，潔子．後列は加藤與三郎（福子弟）

第2章 中原和郎 85

このような由縁を備えた名と，自身が深く認識していたためなの
だろう．

やがて3歳違いで妹潔子が生まれた（1898年2月5日）．至極仲
の良い兄妹として育ち，後々まで交流が続いた．潔子はやがて
佐々木信綱に師事し，画家栗原亮と結婚し栗原姓の歌人として大
成した．

潔子の次女孝子が後に和郎の養女になる．

橋津・米子

潔子は和歌の書籍の中に，自分の生まれ育った橋津・米子のこ
とを次のように書き留めている．

「内海の穏やかな波を前に，伯耆富士を遙かに背おうてゐる廣
い家．四歳から七歳までの幼い頃はそこ（注：米子）で通した．
其以前にも同じ町の盾町，東町などに假住居した事もあり，そ
こから十三里ほど東の小村（注：橋津）の，七戸前の蔵が並んで
居たといふ，大きい古い家（注：天野家）に生れたのだけれども，
少しも記憶がない．唯東町の家だけは門の扉に大きな金具が打っ
てあったのを覚えて居る」

父孝太の家業

やがて孝太は1899年5月，米子で当時まだ日本では誰もやっ
ていない先駆的な冷蔵業を開業した．「冷蔵」はCold Storageに
ついての孝太の和訳造語である．米子市（当時は町）城山の麓，
中の海の岸に工場を建てた．1898年に起工し，米国フック社製
の5t製氷機を購入し，米国から技師アルバートソンを招いて据
え付け，運転開始を委ねた．時代に先んじた本格的な起業だった

から，多大な初期投資が必要であったことは疑いない．

　しかし当時の日本では，氷は夏期の飲料及び熱病患者に用いるのみで，時期尚早の感が強く，時代に合致せず相応の成果が得られなかった．

　そこで凍み豆腐製造に転じて大阪移転を計画し，神戸で始業した．日露戦争の好況と暖冬に好機を得て，大阪に工場を設けた．社業は順調だったが，社内の不和を孝太が嫌い，東京へ移転することにした．以後，鈴木梅太郎（農大）・喜多源逸（工大）らの力を借りて大豆の加工食品製造に力を注ぐが発展しなかった．孝太は1943年，失意の中に病没した．

上京して

　和郎・潔子の兄妹は父の事業展開に従って神戸・大阪と転居し，やがて東京に移った．1907（明治40）年，和郎は本郷の東片小学校4年に入学した．それまでは短期間に次々と転校するので親しい友達も出来なかった．

　学校は何も勉強しなくても成績が良かった．「明治少年節用」という少年用の百科事典を愛読し，歴史・地理・博物・文学など，知りたいことはたいていこれで学び，学校での勉強を馬鹿にするようになっていた．

　唯一重荷だったのは，小学4年頃，父孝太が漢籍の素読を教え始めた時だった．大学・中庸から論語へと進んだ．和郎が困っていると，母福子が冗談まじりに助けてくれた．幸い素読は，父が多忙になって中止とされた．

昆虫人生始まる

当時,少年の間で昆虫を捕らえ,研究する風潮が盛んだった.中原も東京に来てからその風潮に染まり,自身昆虫の探索を始めた.初めは1人でチョウを捕るなど友達もなく,指導者もいなかった.名和昆虫研究所の経営する浅草の昆虫館を見に行って,珍しいコノハチョウ・ヨナクニサンなど標本の展示に驚喜した.

箕作佳吉「動物新論」,石川千代松「進化新論」などを愛読する早熟な小学生だった.父母はこんな本を買うには惜しみなく出費してくれた.

当時(明治30年),名和昆虫研究所からは月刊誌「昆虫世界」が刊行されていて,少年たちの昆虫熱を指導・支援していた.会内に少年昆虫学会が組織され,会誌の終わりの4頁は少年たちの投稿記事を掲載していた.中原自身も中学に入ってから,その購読を始めた.

投稿と交友

中学2年になって初めて「昆虫世界」に投稿を始めた.中原が自らの投稿の中で「標本の交換」を申し出,これに応じ知り合った昆虫仲間が3歳年少の江崎悌三であった.1899年,東京市牛込区払方町に生まれ,後に愛日小学校に入学していた.中原の投稿にあった提供品ミヤマモンキチョウの入手を江崎が望んでのことだった.

江崎君(中原1958)

江崎はしばしば中原宅を訪れて親交を深めたが，物静かで決して立ち居の気配を感じさせぬ物腰だった．江崎はやがて大阪の中学校に転じ，両者の交友は一時途絶えるのだが，その後，機を得て親密に一生続くことになる．

昆虫業績の展開・蓄積

中原は1910年を皮切りに，当初はチョウを中心に分布記録や異常型の報告など，昆虫少年らしい執筆を「昆虫世界」誌に続けた．初めの３年間はもっぱらチョウを対象にして「昆虫世界」誌が発表の場だったが，やがてそれに飽きたらず，研究対象と報文の投稿先を本格的な分野・専門誌に拡げるようになった．

東片町の近くに昆虫研究家の深井武司が住んでいて，中学2年頃から中原の昆虫研究の指導に当たった．これによって少年の趣味的な蒐集が，本格的な研究へと拡がるようになった．対象をトビムシ，甲虫，脈翅目，毛翅目に転じ，本格的な分類研究へと関心が展開した．

研究に関連する文献を入手するため，諸外国の研究者に直接別刷を求めるよう深井が中原に勧め，その方法を手ほどきした．英・独・仏の各言語は当然として，脈翅目の大家スペインのナヴァス神父を相手にする必要上，ラテン語・スペイン語を辞書片手に読み進めた．

相手からの別刷を入手する必要上，交換に用いる自らの報告も英語での執筆を始めた．

英文原稿の執筆

中学3年当時，中原はカマキリモドキの報告を日本動物学彙報

（日本動物学会の英文誌）に初めて投稿した.

　同誌を監修していたのは東京帝大教授飯島 魁(いさお)だった. 飯島は提出された原稿に手直しの必要を認め，著者に連絡して大学に来るよう招いた. やがて大学に現れた中原が，予想もしなかった，かすりの着物・袴姿の中学生であるのに大変驚き，唖然とした.

　飯島は目敏く，原稿中の外国人研究者の報文を指し，これをどこで見たか，と中原に尋ねた. それはナヴァス論文で，当時の日本には未だその掲載誌が来ていない雑誌だった. 中原は，それを直接に著者から得たと説明した.

　この英語論文は，残念ながら和文に改め印刷されたが，翌1913年には最初の英文投稿「日本のカマキリモドキ」が受理され，印刷された.

　中学4年時には，日本での脈翅目の専門家，岡本半次郎博士（北海道農試）と動物学雑誌の誌上で論争を交わすまでに研究蓄積を深めていた.

　1912年以降は本格的な学会誌である動物学雑誌などへと投稿先を専門化した. 報告数も1913年14篇(3)，1914年11篇(2)，1915年10篇(5)と数が多いばかりでなく，カッコ内に示す数字は外国語の報告であって，これが後の渡米に際して重要な役割を果たした.

中学進学に失敗

　中原は，府立一中→旧制一高→理科大（東京帝大）と進学し，動物学を学ぶことを当然と考え，自身もそれに全く疑いを抱いていなかった. しかし受験を目的とした学習対策に時間を割くことが全くなかった.

その結果，第1段階の府立一中への進学を果たすことができなかった．同じ誠之小学校（西片町）から10人ほどの同級生が同じ中学を受験したが，誰も合格しなかった．20倍くらいの難関だったらしい．

1909年，府立中学に代わって私立京華中学に進むが，小学校で成績の良かった中原は無試験入学だった．同中学校はその後，開成・麻布とともに旧制一高進学の私立御三家を成す名門校となった．

京華中学へ入学後に本格的な昆虫の研究が始まった．学校の勉強はほとんどしなかったが，成績は良かった．主として分類学的な昆虫研究に没頭し，またその成果を著す報告の執筆に忙しい日々が続いた．

高校進学も

1914年，京華中学を卒業した．父の勧めもあって，全くの準備なしに旧制一高を受けたが結果は不合格だった．一時，私立大学専門部（校名不祥）に籍を置いたが，そこには通学もしなかった．翌1915年，父は再度一高を受けるよう迫ったが，和郎は「（我が輩を落とす）そんな馬鹿な学校に誰が入ってやるものか」との心境だった．

そして，かねて着々と準備していたアメリカ留学の実現に向かった．

米国への橋渡し

中原は報文投稿で交信のあった米国Entomological News誌編集のカルバート教授（ペンシルバニア大）に，米国留学の伝手を

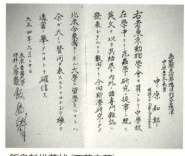
飯島魁推薦状(西蓮寺蔵)

三宅恒方推薦状(西蓮寺蔵)

求めていた．同氏からはコーネル大のニーダム教授を紹介された．コーネル大は当時，動物学の中でも昆虫及びクモ分野での中心校だった．

中原は早速ニーダム教授へそれまでの研究業績を送り，留学の許可を求めた．

ニーダム教授からは大変好意的な返事が来た．「自分にかねて脈翅類の翅脈の研究計画があるが，教室主任で忙しく中断しており助力を得たい．在学費用は研究関係のアルバイトで賄えるからすぐ来い」という内容だった．

西蓮寺には，渡米直前の時期に作成された，飯島魁及び三宅恒方の署名の入った，和文の推薦状が遺っている．果たして中原のコーネル大学入学に役に立ったのか不明だが，中学校卒業生を，帝国大学教授が推薦したのは甚だ異例の措置だったのではないか．

中原がそれを得られるほど，2人の信用を得ていたことには間違いがない．

米国への船出

留学を渋っていた父だったが，ニーダムの返事を認め，中原は

1915年10月14日,横浜港から米国へ向けて出港した.不安と期待に満ちた船出だったと思われる.

妹・潔子が詠んだ和歌10首があり,その1首.

いざさらばゆきませ兄よ
大いなる若き命を胸にみたして
　　　　　　　　　　　　潔子

中学時代の中原(中原1955)

この船は横浜丸だったが,直前の横浜帰港(9月15日)では,後にアメリカで縁が生じる野口英世がこの船で帰国し,15年ぶりに故郷(猪苗代)の母へ会いに行った.

大学院への編入

日本では旧制中学を卒業しただけの中原だったが,コーネル大ではそれまでの業績蓄積を評価されて,直接大学院の修士課程に編入された.日本流に言えば旧制高校・大学学部の2段階を飛び越えての年次設定だった.

コーネル大生物学部では細胞学のライレイ Riley, W. A. 学部長が中原の指導に当たることになった.中原を招き,その助力を期待したニーダム教授の分類分野ではなかった.

専攻分野の選択

誰の,どんな判断で,中原がライレイ指導の細胞学分野へ進ん

だか，理由は判らない．

どんな事情だったにせよ，その後の中原の人生にとって，決定的な運命の岐路だった．即ち，この後の「2つの出会い」，即ち「がん」及び「ドロシー」との出会いである．

ライレイ教授指導のもとに，それまで日本で手がけて馴染みのトビケラ・シロチョウを材料に，絹糸腺細胞の分裂機構研究を展開した．頭脳明晰で勤勉な中原は続く3年間に次々と研究業績を積んだ．

湯浅八郎との縁

この時期，中原より6歳年長の湯浅八郎（1890～1981）が同じコーネル大学に籍を置いていた．二人は当時，同地で接触して面識を持っていた．

湯浅は，イリノイ大大学院に在籍していたが，中原と同じライレイ教授・ニーダム教授の指導を受けて，ハバチの研究に携わっていた．ハバチ亜目全般の幼虫期の形態を対象に広汎な研究を進め，Ph. D（博士号）学位を得た．

湯浅はやがて1924年，京都帝大に招かれ，農学部昆虫学講座の初代教授となる．研究室からは今西錦司・岩田久二雄・可児藤吉・森下正明などの俊才を輩出した．

評議員として滝川事件（1933年）の際，法学部に賛同して京大を辞職し，1935年に同志社大総長に招かれたが，軍部の迫害を受け，1937年，総長を辞任した．太平洋戦争中は米国に滞在，戦後1947年，同志社総長，1950年，国際基督教大（ICU）初代総長に就いた．

学位獲得と就職

中原は大学院での成果を順調に挙げ，1917年2報，1918年2報が学会誌(J. Morphol.など)に掲載された．

各々の学位に充分な業績と判定されて，修士課程を2年，博士課程を1年で修了することになる．その結果，1918年6月にはPh. Dの学位を得て大学院の課程を修了した．

ライレイ教授は中原にイリノイ大学及びロックフェラー医学研究所の2つの就職先を提示したという．ドロシーの示唆もあったらしく，ニューヨークのロックフェラー医学研究所を選んだ．

ドロシーとの出会いと接近

ライレイ教授の指導を受けてのコーネル大在学中，個人生活の面でも大きな展開があった．中原の入学と同じ1915年，ライレイ学部長の秘書としてベレニス・ドロシー嬢Berenice Dorothy Watermanが勤務を始めていた．

ベレニス・ドロシー(西蓮寺蔵)

留学生の中原が指導教授ライレイのもとを訪ねる機会は多く，教授秘書で1歳年長のドロシーと再々出会うのは自然の成り行きだった．

おおむね粗野な一般学生と異なって，礼儀正しい中原にドロシーは好意を感じていた．

パーティの時，知り合いのない(おそらく立ちん坊の)中原に同情したドロシーが近づいて接触が深まった．やがてコンサート・映画と交際の

場が拡がっていった．

若い2人の間に親密な関係が形成されるのに，多くの時間を要しなかった．

永住を約しての結婚

やがて2人の間で婚約，そして結婚へと話が進んだ．ドロシーの母オフェリアはこの結婚に反対だったが，父ジョージは中原と仲が良かった．

逆に日本では父孝太が憤ってこの結婚に賛成しなかった．母福子はドロシーに同情し英語の手紙を送って彼女を慰めた．この手紙をドロシーは後々まで宝物とし大切に保存していたというが，残念ながら今，それを見ることはできない．

中原はドロシーの両親に，今後米国に永住することを約束して結婚の許可を得ることができた．

新婚当時の中原夫妻（西蓮寺蔵）

1918年6月2人は結婚した．和郎22歳，ドロシー23歳．学位を取得し，教授推薦のロックフェラー研を職場と決めた直後のことだった．

シルビアの誕生，そして死

結婚して約1年後，1919（大正8）年10月31日，娘Sylvia Nakaharaが誕生した．

翌春3月26日，故郷の祖母福子（Gran' Ma）宛てに送った唯一の画像が，幸いなことに西蓮寺に保存されている．

しかし，写真送付から僅か3カ月後の1920年6月18日，7カ月余でその命は失わ

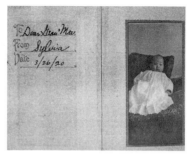
福子へ送ったシルビア像（西蓮寺蔵）

れた．その原因は判らない．満面に笑みを見せ始めた頃の愛児との死別に，父母は無論，両家の祖父母たちもいかに嘆き悲しんだか，想像に余ることだった．

中原は後年，「あいのこは可哀相だから」と語って，以後夫妻の間に子を設けることがなかった．一人娘シルビアがもし達者でいたなら2018年10月で99歳，今日の高齢化社会では，存命もあり得る年配に当たっていた．

チョウ記載による追悼

中原はこの後の1922年，2種のチョウを新種記載した．

一方は，日本での友人井口宗平が1920年に兵庫県久崎村（現佐用町）で採取したシジミチョウで，*Zizera sylvia*と名付けた．投稿日（1922年2月5日）の日付から，2年弱前に喪った娘に追贈した学名だが，記載では何も触れていない．この種・学名等のその後の経過については後で述べる．

同じ報文で，中原はキチョウの一種に*Eurema dorothea*と妻の名を与えたが，この種は後年ホシボシキチョウと同一種になった．

これらの記載は英国の昆虫雑誌Entomologistに掲載された．

第2章 中原和郎

文章のみで図・写真はないし，当然和名もない．日本でこの記載が注目を惹くまでに，多くの時間が過ぎた．

ロックフェラー医学研究所

1901年，ロックフェラーの資金で創設された，米国初の基礎科学研究所だった．

有力な研究者たちを多数揃え，活発な研究活動を行っていた．中原がこの研究所に加われたのは，非常に有能な研究者と見なされたことを示していた．

ロックフェラー研究所（1920年代）
(Corner 1964)

ニューヨーク市マンハッタン地区イースト・リバー沿いの東66-9街区に建設されたが，やがて国連本部にその場所を譲り渡し，同じイースト・リバー沿いの上流地区に移転した．現在は，この地区でロックフェラー大学の形になって存続している．

「昆虫学者になるつもりで渡米した」と懐古する中原だが，ライレイ教授のもとで行った細胞分裂の成果が注目され，ロックフェラー医学研究所（ロック研）マーフィ研究室に所属して細胞とがんの問題に取り組むことになった．こうして以後その一生を，がん研究の道で送ることになった．

ロック研の印象

中原は在職時のロック研に関して，後年以下のように記している．

同研究所の黄金時代だった．スピロヘータ，濾過性病原体，肺炎菌の特異可溶性物質，核酸の構造研究など（中略），いずれも米国学界をリードしていたし，この頃が華やかさの絶頂であった．ロック研は昔からユダヤ系の色彩が濃厚で，フレキシナー所長時代の所員の半数はユダヤ人だった．

所長が「早く早く」「急げ急げ」と研究者を追い立てるので，もう少し考えたいと思う人も，その暇がなかったように見受けられた．そのため一般に落ち着きがなく，間違った結論を出したりすることもあった．

野口英世

同研究所には日本人としてフレキシナー所長お気に入りの野口英世（1876〜1928）がいた．中原より20歳年長で，既に1914年から研究所正員（member）としての多くの研究実績を積んでいた．

ロック研には，日本から学者の参観者が隊をなして訪れた．そのほとんどは野口を目指していたが，会えないと代わりに中原の所へ来た．それでは研究に支障を来すので中原は野口と相談し，受付に頼んで「留守」を演出して，自分たちの仕事時間を確保する必要があった．

中原が野口を慕って米国を目指した，との論調もあるのだが，疑問に思う．野口がアメリカ人の妻（エミリー）を持つ点では，中原と共通点を有してはいたが．

野口英世（北2003）

第2章　中原和郎　　99

日本への仕送り

1918年の採用当初，中原は研究員（Fellow）＋独身者の待遇で給与が低く，夫妻はコーンビーフとキャベツの貧しい食事を余儀なくされた．

1年後になって，やっと助手（Assistant）＋既婚者の待遇を得て，給与に余裕も生まれた（推定年俸1800＄超）．

中原は日本の両親に月約40＄（為替レートで40円）の仕送りを始めた．事業に成功していない父孝太は「不甲斐ナキ慚愧ニ耐ヘズ」として生計を維持していた時期なので，この援助は有り難かった．帰国後，両親への仕送りは月100円になった．

兄妹の助け合い

一方1922〜3年頃中原は結核を患って，2カ月のサナトリウム生活，さらには3〜4カ月の静養を止むなくされた．この間はロック研から給与が得られず，両親への仕送りが不可能だった．

この時期，中原は妹栗原潔子夫妻に援助の代役を求めた．夫栗原亮の描いた絵を，潔子が自分の和歌の集まりで購入してもらい，それを両親への手当に充てた．

こんな形で助け合った兄妹の間の仲は大変良好だった．

チョウ研究の再開

北部のイサカ市はチョウも少なく，昆虫への関心も中断していたが，より暖かなニューヨーク市に移ってから再開した．マンハッタン地区の東側，ロングアイランドのフラッシングに住んだ中原は，付近に多産したチョウ *Basilarchia*（イチモンジチョウ近縁）に夢

中になった．知人らの協力を得て，米国産同属の改訂論文を書くほどだった．

中原はアメリカ在住のまま，日本の「昆虫世界」誌に「和蝶啓蒙1〜6」なる連載を投稿した．この通題は恩師・飯島魁が動物学雑誌に翻訳連載した「和鳥啓蒙」に因むものだった．

この中で中原は，アゲハチョウ科・シロチョウ科を主題に，日本でのチョウの学名使用状況が大変遅れていることなどを痛烈に批判した．文中では大御所松村松年の名も挙げて，不勉強を指摘した（同稿7話は1925年，帰国後に掲載された）．

なお，この第5報ではミヤマカラスアゲハの学名に関連して，Butler（1881）の報告を引用している．ここにはフェントンの*Lycaena alope*記載があるのだが，自己記載*Zizera sylvia*との異同には気付いていない．

落胆……

アメリカ永住の約束でドロシーとの結婚を認められた中原だったが，ロック研（特にフレキシナー所長）の「言語道断な独裁政事［ママ］」についていくことが困難になった．

命令一下，研究者自身の興味など全く無視した配置転換などが平気で行われていた．所長の方針として「早く早く」「急げ急げ」と研究者を追いたてるので，もう少し考えたいと思う人にもその暇があたえられず，そのため一般に落ち着きがなく，あわてて間違った結論を発表したりするような場合もあったらしい．

研究意向の赴くに従い，誠実に課題追求に専念する中原のような人には，所長の陣頭指揮ぶりは，とうてい我慢できない状況だったのだろう．

手馴れた昆虫の細胞を手懸かりに細胞の分裂機構の問題に進み，次々と成果を挙げ，在所中の研究業績は充分（7年間に21論文）挙げていて，退所に異議はなかったろう．

ドロシーは子供の頃に，「私はいつか日本へ行く」と話したことがある，という．米国永住を約束しての結婚であったにもかかわらず，日本に行くことに逆らいはしなかったようだ．

帰国

1925年9月12日，中原はドロシーを伴い帰国した．1923年9月の関東大震災から2年，東京は未だ復興の途上にあった．

帰国後速やかに，がん研究所（後に東京大塚に財団法人立）・（財法）理化学研究所・東京帝大伝染病研究所の3カ所に，各々嘱託の席を得ることになった．外国人の妻を持つ身は物要り，と考えられたのかも知れない．

研究の場を提供した長與又郎（伝研）・鈴木梅太郎（理研）は，「好きなことを何でもやれ」と任せ，中原はアメリカで切望した研究の自由を日本で獲得できた．

帰国後の中原は，その後自分が裁量を任された研究組織では，「個人の自由を束縛せず自主的（ただしあくまで独創的）な研究方向」を各人に執らせた．決して偉ぶらない指導者だった．

長與又郎の寄与

中原の帰国，並びに帰国後の活

長與又郎（小高2012）

動場所提供に，長與又郎が大変好意的配慮を払っていた．長與は当時，東京帝大伝染病研究所（伝研）所長であり，後に東京帝大の12代総長を務めた．高校時代に中原の叔父加藤與三郎（母福子の弟，p.85参照）と旧知の仲でもあった．

　帰国の3日後，中原夫妻は早速，加藤與三郎に連れられ，麻布市兵衛町の長與邸を訪ねた．米国で，野口が中原に予告した「東洋流の豪傑」，という警告像とは異なって近代的紳士であることに驚いた．

日本でのがん研究と体制

　中原帰国の1925年頃，日本では未だ「がん」は大きな注目を浴びておらず，伝研の所管事項の中にあった．当時，疾病としては結核が最大の問題だった．

　しかし，長與自身はがんに注目していた．米国で当時の先端を行くがん研究を学んで帰国する若い中原に期待と信頼を寄せ，各種の便宜を払ったと思われる．

　日本のがん研究は，民間主導で進んだ．財団法人癌研究会が1908年に発足はしたが，実質的な研究・医療体制を東京大塚に設置したのは1934年であった（大塚がん研）．

　その中心には長與がおり，そこは中原の主たる活動場所だった．

　国が東京築地に「国立がん研究センター」を発足させるのは，なお30年近く後のことだった（築地がん研）．

当時の理研

　理化学研究所は1917年，財団法人として発足し，やがて名実ともに日本一のマンモス研究所に成長した．東京駒込の六義園近

くに大きな敷地を備えた.

3代目所長大河内正敏の理想を叶えた自由で活発な雰囲気・体制を備え,「科学者の楽園」と自他ともに許す組織運営をもって進められた.

テーマの選択,研究の進行に関して研究者個人の意向が最大限尊重された.米国で自由・活発な研究進行を願った中原にとっては願ってもない研究環境だった.

本多光太郎・鈴木梅太郎・長岡半太郎の「理研三太郎」をはじめ,湯川秀樹・朝永振一郎ら日本の頭脳といわれる人々を育てた機関であった.2015年,無理な研究の進行を急いで,誤りを犯した「STAP細胞」問題など,近年の理研を先人らは嘆くことだろう.

理研での中原

理化学研究所での中原を加藤八千代が伝えている.

1943年8月には,科学研究の「緊急整備方策要綱」が敷かれた.つまり全て科学研究が戦争遂行を唯一絶対目標に進める,という息苦しい世相の中だった.

理研18号館に中原研究室があって,同館の動物飼育室で働く加藤はしばしばそこに出入りしていた.当時の時局について,加藤は次のような中原の発言を記録している.

ある時,中原の「今の日本は,軍部に全面占領されているのではないかなァ」という(大胆な)言葉に加藤(1912年生)は驚いた.このような率直な,しかし当を得た言動を吐くことは当時極めて「危険な」状況だった.

原稿の検閲

中原は，自分が在職当時のロック研に関して，以下のように記した（中原1938）．

この論考（西蓮寺保存の頁片）の末尾は，

「(ユダヤ系学徒の活動が)アメリカの学術研究を進展させていくこと[＊]は事実であろうが，亡国の民の精神的裏付けはやはり国民性のない浮動のものたるを免れないと思ふ」

とある．印刷された文に基づけばこれが「中原の所説」となる．

執筆への修正（中原1938）
（西蓮寺蔵）

しかし，西蓮寺に保存された頁片には，中原の自筆書き込みで，「こんなことは書かなかった」とあり，上述の[＊]以下に棒線を引き，そこを次のように改めている．

「は確かであり，ロックフェラー研究所などはそのよき仕事場となるであろう」

つまり，ユダヤ系学徒や研究所への評価が印刷文とは正反対の意味になる．当時（1938年），どこかの機関が中原の原稿を「検閲・修正」した「跡」と思われる．

睦まじい2人の仲

中原は同じ時期，大塚のがん研にも研究室があって，理研出勤は週に2〜3回程度だった．理研からの退所時刻には決まって正門で，出迎えのドロシーが多少心細げに待っており，2人は腕を

組んで帰宅した(当時の自宅は駕篭町〈文京区北部〉).

このことは所内の評判だったが,彼らは人目を気にせずにいた.

アメリカとは戦争状態に向かっていて,ドロシーの母国は敵国であった.ドロシーは人前でドイツ語を使い,アメリカ人と見られることを避けていた.中原は何人もの教師を付けて日本語習得を図ったがドロシーはついに習得せず,夫との間でも会話は英語だった.

唯一の弟子成富安信

成富安信(1925〜2003)は旧制成城高校尋常科(中学)に1937年入学後,間もなく肺結核に罹り,2年間の休学を余儀なくされた.

健康と運動のため昆虫採集を始めた.当時,家1軒買えるほどの高価なカメラ,ライカを買ってもらうなど,資産家の父に可愛がられていた.

1937年に中学教師・熊沢信義の指導があった.1939年8月,長野県碓氷峠で得たチョウを同定できず,知人の紹介で理研の中原を目白の自宅に訪ねた.その試料はサカハチチョウ♀の異常型で,中原の指導でab. *usuiana*と命名し記録した.

中原は成富に「ガは応用分野があるからよいが,チョウの分類は趣味でやるならともかく……」と若人に人生航路を誤らしめない配慮・助言を伝えた.成富は昆虫

成富一家(安信・中列左端)

に関する中原の唯1人の弟子であった.

採集時の中原

生前の成富安信に話を聴くことはできなかったが, 徳夫人の紹介で弟の成富信方(6歳年少)に電話で, 以下の話を聴くことができた.

病気休学中, 兄弟で箱根・丹沢方面に採集に行った際, 2人は丹沢(推定)で偶然, 同じく採集に来ていた中原に出会った, という. 中原はズボン姿で捕虫網を持っていた.

昼食時, 安信が持参の握り飯を中原に勧めたが, 中原はこれを謝絶し, 持参の缶詰数個を開きスプーンで食事した. 信方は中身をよく覚えていないが, 1個は果物であったらしい. 上品で, 穏やかな物言いの, まことにハイカラで立派な紳士と感心した.

後年, 信方は, ある会合で中原が「成富天才少年」と兄安信のことを捜していたことを, 友人から伝え聞いた. 結局, その出会いは成立しなかったが, 中原が成富安信を高く評価していたことを示していた.

国内初登場, 和名の付与

成富は, 友人伊藤芳明が1940年, 岡山県で得た同定できないチョウを中原のもとに持参した. これが在米中に記載した*Zizera sylvia*だった. 中原は大いに驚き, 「日本では幻のチョウか, と思っていた」と, 成富に和名を付けて発表するよう勧めた.

そして夭折した娘の名に由来する学名だから, 和名もそれに因んだものに, と要望した. 成富は新称シルヴィアシジミと初めて和名を付け1941年に発表した.

第2章 中原和郎 *107*

これがこの種の国内初登
場であり，ヤマトシジミと
の区別点も写真で明示され
たから，以後，この種の国
内認知が急速に進む契機と
なった．

成富は戦争中，徴兵を避
けて成城高等科理科に進み，

和名の付与（成富1941）

戦後1946年，東工大工学部に入学した．1950年，同大学を卒業
した後には，中央大法学部に学士入学し，弁護士として大成し一
生を終えた．チョウを「仕事」とはしない，という中原の「助言」
は報われたことになる．

目白の家

中原は帰国後，米国を訪れることがなかった．ただ1回，一人
娘だったドロシーの親が死去し，米国の家を継ぐものがなくなっ
た際（年次不祥，1920年代か），2人で米国を訪ね，家・資産な
どの処分に当たった．

それらを処分した資金で，ドロシーは東京目白に家を建て，名
義はドロシーに属した（年次不祥，推定1928年以前）．

山手線目白駅の西側の山台を，線路外側に沿って南に登りつめ
た所で，駅まで10分足らずの大変便利な場所だった（豊島区目白
3-1-18　現川村学園女子大・目白キャンパスの一部）．

山手線を利用して，目白から，大塚（がん研），駒込（理研），
の各駅へと自分の職場に通う上で都合の良い場所だった．また，
この目白一帯は少年時代の中原が，江崎らとともに昆虫採集に訪

108

れた地域でもあり，思い出深い場所であったのだろう．その頃，採集時は和服に袴，下駄ばきであった．

邸内にテニスコートがある大きな屋敷で，自宅内には蒐集した多くのチョウなど昆虫標本を納めていた．

戦争前後の研究

理研・がん研ともに1945年4月13日，東京空襲で大打撃を受けた．僅かに残った理研1号館建物の屋上一隅（後10月に階下の一室へ）で4月18日から研究活動が始まった．中原はがん研の福岡文子（1911〜2008）を理研に呼んで研究に着手した．それは1953年まで続いた．

1947年，アメリカのマーフィ博士から最新の文献抄録集が届き，研究指針とできた．

がん組織から有効成分を分離して，ハッカネズミに与え反応を調べた．トキソホルモンと名付けた成分だったが，今日に至るまで精製されず，その本体は未だに不明である．

当時，それは「がん毒素」が解明されたと注目を浴び，1947年，朝日文化賞を得た．この他，日本学士院賞（1965）など，外国を含め多くの栄誉を得た．

堪能な英語

アメリカ進駐軍は，理研で行われていた仁科芳雄らのサイクロトロンを危険視し，その破壊を命じた．それら進駐軍との交渉では，理研副所長の中原が堪能な英語を活かして折衝に当たった．

がん研での弟子西村暹の結婚式では中原が媒酌役を務めたが，アメリカ人の参加者が多く席上スピーチを頼まれた．参加のアメ

リカ人をして，「格式といい，内容といい，あれほどの立派な英語のスピーチは初めて聞いた」と驚かせた．

　米国からの帰国後，校閲した英文が不完全なのに審査を通った経験に衝撃を受け，改めて英語を学び直した，という．ドロシーが英文を校閲することもあった．

国蝶論議

　日本に国蝶を定めては，という論議は，江崎悌三がチョウ類同好会の懇談会で1933年4月に提起した（江崎1953）．その席で中原はオオムラサキを推薦し，対抗馬はギフチョウ・アゲハ・ミカドアゲハなどだった．

　結城次郎（1935）がアゲハ（ナミアゲハ）を推す論陣を張り，周知性・普遍性・色彩明朗などの利点を挙げた．中原（1936）は，これらが不的確であると反論し，アゲハが時には柑橘類の害虫として駆除の対象となることをも問題視した．

　結局，国蝶に採用されるのはオオムラサキとなった．1956年6月20日の国蝶切手（75円）の発売日，江崎は自筆の絵入り封筒にこの切手を貼って，速達で中原に届けたという（中原1956）．

新記録種への関与
アカボシウスバシロチョウの誤報

　1936年，中原は大雪山系トムラウシ岳で採取されたアカボシウスバシロチョウに，新亜種名を与えてドイツ昆虫誌に記載した．1937年にはZephyrus誌にも和文で紹介し，採集者を小助川長太郎と示した．同じ1936年に平山修次郎が，隣接する十勝岳から近似種オオアカボシウスバシロチョウを記録した．

2つの記録が続いたことにより，北海道にこれらのチョウが生息すると当時広く信じられ，再発見のために多大の努力が費やされたが無為に終わった．両種が北海道に分布する可能性は，少なからず疑問を含みながらも1970年代まで日本のチョウ類図鑑に記載されていた．

　1981年には猪又敏男，1988年には小岩屋敏が，これらの記録に疑問を呈していた．2014年，朝日純一はついにその「実行者」を推定し，これらが意図的な偽試料の提供に基づく誤った記録だった，と結論した．

　これは当時，この分野における中原の権威を悪用した行為だった．朝日の詳細な追究によって真実が解明され，誤記録を抹消するまでに80年近い時間が必要だった．

チョウセンアカシジミの記載

　1952年7月，小田公良は岩手県野田村で採取した不明のシジミチョウを中原に送って同定を求めた．これは，従来日本では未記録の種，チョウセンアカシジミと判ったが，大破していた．翌年，再採取の個体に基づき新亜種と確定し1953年，久方ぶりに国内に新しい種類のチョウが加わった．

　本種はその後，日本海側でも白畑孝太郎らによって発見され，別亜種とされている．

ヒメカゲロウの分類

　中原は渡米以前に携わっていた脈翅目ヒメカゲロウの分類では，1950年，自宅庭で新しい種類に出会ったことを契機に再び本格的に取り組んだ．1954年から1966年にかけて多数の記載（23種）

をするなど，旺盛な取り組みを進めた．

しかし，晩年に一切の標本などを国立科学博物館に寄贈して自らの役割を閉じた．丸山との対談の際に，このような分野では日本で100年に1人か2人の研究者がいれば充分と語っている．

がん研究の展望

1962年，中原は柴谷篤弘との対談で，当時，急速に興隆し始めた分子生物学に期待を寄せた．DNAの二重螺旋構造が解明されクリック・ワトソン・ウィルキンスにノーベル医学生理学賞が与えられた時期であった．

「がんの実体，メカニズムが急速に分かるか」の設問に，英国の学者が「10年くらいで」，という甚だ楽観的な予想を立てたのに比べ，中原は慎重で「25年」と述べていた．

がんの特質に迫る細胞間の情報伝達などの研究は，現在も着々と解明されつつある．しかし対談から50年以上経った今日といえども，がん・転移の機構問題に決着がついたとはとうていいえない．

中原は，生物体構造が極めて複雑で，かつ容易ならぬ深遠さを秘めていることに，深い理解を抱いていたものと考えられる．

白水は，がん学会（推定1961年）で九州大学を訪れた中原が，「がん克服のためにがんを治そうと思っても駄目，がんの本質を研究するのが

がん研究の展望（中原・柴谷1962）

入り口だ」と述べたことを伝えている(白水2003).

旺盛な研究活動

中原は中学生時代の昆虫研究を手始めに,生涯を通じてのがん研究を数多くの研究成果として発表した.丸山工作(1989)は,「ユダヤ人を超えた日本人」として多作な研究成果を挙げた人を列挙した.

筆頭に梅沢浜夫を取り上げ,抗生物質を通じた驚異的な研究活動を紹介した.梅沢はその生涯で,年間31.1篇[即ち2週間に1篇以上]の科学論文を発表し続けた.

同じ報告の中で丸山は,野口英世・中原和郎・常木勝次の3名を挙げ,梅沢ほどではないが生涯に旺盛な研究活動を遂げた人として高く評価した.

丸山の紹介で,中原は昆虫学の分野で1910～71年に135篇,がん研究の分野で1918～78年に221篇を発表しており,年率にして5.2篇となる.同様な年率数字は野口で7.3,常木は8.6(この時点で常木は研究続行中だった)となり,いずれも稀有な研究活動を示した人々に伍しての成果だった.

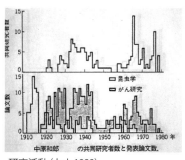

研究活動(丸山1989)

人柄など

1977年,中原を偲ぶ(死後の)鼎談で,田宮博は中学生の娘に,

「どういうタイプの人の奥さんになりたいか」と聞くと，ためらいもなく，「中原先生のような方」と答えたと，伝える．

ハーフかと思わせる顔立ちで，ノーブルかつ気品があり，折り目正しいから，特に女性には好感を持たれ，あこがれの的となった．ただ，そのことでドロシー夫人が必ずしも快く思わない事態もあったようだが，本人の責任とはいえない．

無類の煙草好きで，同室で2人が互いに火を繋ぎ，1日中絶やさなかった．白い前髪が黄色になり，「三毛猫」と呼ばれた．特有の髪型はドロシーが散髪していた．酒も強く，ただ1度だけ腰を抜かしたことがあるという．

和歌・漢詩を嗜み，1955年に4名共著の歌集「雁」(共立出版)を出していた．

江崎悌三との交流

江崎は次のように述べている．「中原君は当時東京市京華中学の1・2年生であったが断然，同欄(昆虫世界誌の少年昆虫学会部分)をリードして同志を啓発されたこと多大であった．筆者(江崎)にとっては昆虫学の第一歩を導いて斯学の何たるかを教えられた恩師でもある」．日本の昆虫学発展に果たした江崎の大きな足跡を思うと，間接的ながら中原の寄与も多大であったといえよう．

江崎は東京大学動物学科を卒業後，すぐ九州大学動物学科の助教授に任ぜられた．いかに嘱目されていたか，が察しられる．この後，2年間の欧州留学中にシャルロッテ(Charlotte Johanne Hermine Witte)とエスペラントを通じて知り合った．江崎からの熱烈な接近を通じて1928年5月，ドイツで結婚し，8月帰国した．彼女の父親は，「一人娘を遠い日本にはやれん」と反対だった．

やがて久しぶりに日本で江崎と再会した中原は，江崎の背丈が伸びたことに驚いたが，人柄は変わっていなかった．以後，親密な交際が始まり，九大昆虫の別刷録には所有江崎の名を記した中原の論文が数多く遺されている．

Zephyrus誌への寄稿など

江崎は1929年，Zephyrus誌（チョウ類同好会）を創刊した．この雑誌は充実した内容と華麗な原色図で，この時代のチョウ同好者たちを惹きつける昆虫誌だった．中原はこの刊行には積極的に貢献し，ほとんど毎号のように寄稿した．

1935年，中原は，本誌にツマベニチョウの美しい白化型を記載し，その名に妻ドロシーの名を取り，新型名 *dorotheae* を与えた．江崎は，ギリシャ語の語源から Dorothy = Gift of God（神の贈り物）であると助言した．

原色図鑑の刊行

中原は日本のチョウと比較のために，全ての諸外国チョウは集められないが，*Morpho*（モルフォチョウ），*Ornithoptera*（トリバネアゲハ），*Agrias*（ミイロタテハ）の三大美麗チョウを中心に長年蒐集していた．昆虫学会の40周年を記念して1957年これらの蝶が展示され，昭和天皇に解説した．

これらを基に1958年，黒沢良彦と共著で国内初の「原

左から江崎・中原・昭和天皇
（新昆虫10（11）：口絵1957年）

第2章　中原和郎　　115

色図鑑・世界の蝶」を刊行した．全てのチョウは原寸大のカラー画像で表示した．

初めて日本で紹介された諸外国のチョウの姿は，当時，国内のチョウ愛好家たちにとって，衝撃的で，垂涎の的であり，採集・蒐集へのまたとない手引き書だった．

著者の先輩チョウ愛好家は，院卒で就職した当時，この本に出会いトリバネアゲハ採集を志した．近年85歳過ぎにインドネシアへ遠征．セラム島，バチャン島で念願のトリバネアゲハを採集して永年の夢を叶えた（永井2017, 2018）．

ただし当時1冊3500円という定価は，大学卒初任給が1万〜1万5000円の時代に，昆虫青少年たちにとっては高価で，容易に手に入れがたい本でもあった．

江崎は，この図鑑に長文の序文を寄せ（1957年10月4日），「国宝的存在の」「豪華蝶コレクション」で「豪華絢爛たる力作」と賞賛したが，発刊（1958.5.30）を待つことができなかった．著者らは本書を江崎に献呈した．

江崎の死去

1955年，中原は江崎のただならぬ病気のことを知った．九大病理からがん研に江崎のがん組織が送られ，中原も点検した．リンパ腺への転移を抑えるのみで原発部位（肺?）を叩けない治療措置に胸を痛めた．日本で医博の学位（京都大）を得てはいたが，医師免許はなく，直接の医療には当たらなかった．

江崎は病苦を押して，しばしば上京し所用に専念していた．中原はその姿に会うたび，何もできないことに心苦しい思いでいた江崎は1957年12月14日，58歳で死去した．

稚き日の君と吾との虫語り　思い出悲し君逝きし今日　和郎

国立がん研に就任

かねて「厚生省の研究所に科学はない」と言い，勧誘に応じない中原だったが，1961年，一転して国立がんセンター研究所の初代所長に就任し，周囲を驚かせた．

その理由を自身で次のように述べている．「国立がんセンターの創立に際し，初代総長田宮猛雄が（友人）久留守を同病院長に迎え，田宮・久留の連合説得に屈した」と．（財法）がん研での久留との永年の知己に従った人間的因縁によるものだった．

大塚がん研から多くの研究員を引き連れての転任だった．

「研究は人なり」という信念のもとに，年齢にこだわらず，学閥を排し，有為な研究者を集めることに焦点を置いた．

部長級職員については，研究方針，課題の選択，部内の運営等について，許される限りの自主性を与え，統制を避け，セクト主義におちいらぬよう，また研究の自由を確保するよう努めた（国立がんセンター1973）．

近代設備の設置

国立がんセンター研究所長の就任に当たって，中原は生物物理の部門を設けるなど，従来の医学分野や病理学的体制からは想像できない構成を組んだ．施設として大型シンチレーション・カウンター、超遠心機、電子顕微鏡、核磁気共鳴、電子スピン共鳴などだった．

当時，これらががん研究と結びつくとは思われず，一部の人々

が眉をひそめ,「あんなやり方で,がん研究などができるわけがない.あれは,中原先生の趣味(ホビー)だ」とまで言われた(国立がんセンター1980).

しかしその後,がんやその遺伝子研究は次第に精密化し,分子生物学・生物物理学などの領域に関わって進行した.その経過を見ると,決して「趣味」ではなく卓見であった.

〈余談〉中原孝子によると,中原自身は「計算のできない人」で自宅の機器(クーラーなど)の電気容量設定に無頓着だった.容量過大でブレーカーが落ちると大騒ぎし,これを孝子が直したという.

がんセンター総長就任

研究所長を12年務めた上,やがて1974年,同センター5代総長に就任した.研究者で終わりたい,との考えで引き受けたがらなかったが,止むを得ず周囲の要請に従った.

就任に当たっての条件は,「自分用に実験室」を持ち,「研究専念時間」を確保することだった.年齢78歳でなお「試験管を振る」ことを求め,生涯研究者であることを願っていた.

がん研究所にあった実験室を,そのまま総長分室として用いた.マウス新生児の世話などは,自ら手懸けることを好んだ.

1975年11月,丸山工作との対談を行い,がん学者としての所説を述べたが,そ

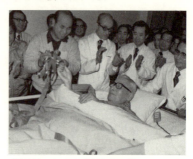

新病棟への入室(徳善玲子蔵)

の雑誌掲載を待たずにこの世を去った.

遺言

1976年1月3日, 中原は目白の自宅で, 心筋梗塞の発作に見舞われた.

築地の国立がんセンター病院に入院し, 1月中旬には折しも同病院に出来た新棟10階の第1号患者として自らテープカットして移動した. 万全の対策で看護を受け, 一時容態が安定したが, 再び急変し1月21日に死去した. 享年80歳だった.

生前, 中原は杉村隆 (当時, 国立がん研究所所長) に「納棺の条件」として次の2点を伝えていた.

1. 特別の病変がなければ病理解剖はしないこと.
2. モーニング正装着用で棺に入れること.

そして遺言はどちらも, その通りに守られた.

がんと戦う武士

杉村は, 京華中学の後輩であると同時に, がん研究, さらにチョウ愛好家と, 多くの面で中原を継ぐ人物だった.

杉村の弔文 (英文) の末尾部分を和訳して紹介する.

「彼 (中原) の葬儀は青山葬儀場で2月4日, 国立がんセンター主催で行われた. 600人以上が白のカーネーションを遺影の前に捧げた. 遺骨は4月4日, 東京西郊の多磨墓地に葬られた. ドロシー夫人, 縁者, 同僚, 友人らが満開の桜のもとでの葬儀を見守った. がんと戦う武士 (さむらい) たる中原和郎博士の姿が彼らの心に刻まれた」(Sugimura 1976).

遺品など

ドロシー夫人は1976年9月17日，姪栗原孝子を養女に迎え，共に暮らした．和郎の死後，葬式が終わってからドロシーは自宅に遺された品々を，和郎の弟子たちに自由に持って行かせた．随分大切な物がバラバラに持ち去られた．孝子は疑問に思ったが，ドロシーの意向なので成り行きに任せた．

その後に遺った物が，やがて橋津の西蓮寺に寄託されたわけだが，それでも貴重なものが多数，同寺に今日伝えられている．

ドロシーは，その後孝子との生活を送り，1993年，97歳で死去した．

墓所

1943年，父孝太は隠居し，家督を和郎に譲った．その際，本籍を東京市目白に移し，橋津の墓所を東京府中市の多磨霊園（13区1種35側3番）に移した．従って和郎夫妻も，死後，一旦は両親とともに多磨霊園の墓所に葬られた．

2003年，中原孝子の意向により，墓所は多磨霊園から鳥取橋津の菩提寺西蓮寺へと移転された．独身で後継者のなかった孝子が，今後の維持を考えたのであろう．中原孝子も2016年3月，91歳で没し，西蓮寺に納められた．中原家は15代400年余の幕を閉じた．

多磨から橋津への移転に携わった西蓮寺の根井住職によれば，孝太夫妻・和郎夫妻のどちらかに骨壺とともに，青色の金魚と思しきオモチャが入っていた，という．

幼くして没したシルビアを愛でた父母もしくは祖父母が，悼んだ証しなのだろう．

第3章
戦後の再発見

白水の解析

　江崎悌三門下で新進のチョウ学者の道を歩み始めた白水隆は，その当時，新たに分類法に導入され始めた雄交尾器の形態をシジミチョウ類に適用した（1943年）．その結果，中原の *Zizera sylvia*（シルビアシジミ）は既に記載のある *Z. otis*（Fabricius 1787）の一亜種であって，分類的には *Zizina otis sylvia*（Nakahara 1922）と位置付けるべきだと結論した．

　次いで白水（1950）は Butler（＋Fenton）1881 の報告をも検討し，*Lycaena alope* が上記 *Zizina otis sylvia* とも同一種に他ならないことを立証した．その結果，学名 *sylvia* は同物異名として消えることになった．年次的に早い記載名に優先権がある．

　ただし，白水はここで1つ問題を喚起していた．即ち *L. alope* が最も早く記録された基準産地（栃木県上阿久津）が，その当時までに，日本国内で知られていたシルビアシジミの最北の産地（関東南部）より，少しく北に偏することであった．

　もし両者が間違いなく同一の種であるならば，この点（基準産地での生息）を確かめる必要がある．白水は「同地方（栃木県）に近く在住する同好者の調査を切に願う」とした．

磐瀬の依頼と再発見

日本のチョウの生活史解明に大きく貢献した磐瀬太郎（鎌倉市）

は，各地の同好会や会員と密接に連絡を取り，指導していた．上記，白水(1950)の指摘を受けて，宇都宮市の東郊河内郡平石村(現宇都宮市平出町)の武田正之(宇都宮市旭中3年)に探索を依頼した．武田はかねてから「キチョウの越冬」研究などを通じて磐瀬の注目を惹いていた．

1950年9月，磐瀬の便りを受けた武田は自宅から近い(600m)鬼怒川右岸堤防で(間もなく？)シルビアシジミを発見した．ここはフェントンが採取した上阿久津から僅か10kmほどの下流地であって，これで白水の懸念は払拭されることになった．

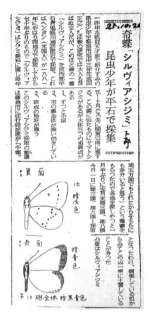

下野新聞(1950年10月20日付け)

このことは当時の下野新聞に報道された(1950年10月20日)．

インセクト誌(4巻1号)では，武田の採取が「24/IX-1950 1♂；26/IX '50, 1/X '50, 多数3/V, 5/V '51 それぞれ1頭」と記録されるが，磐瀬(1952)は1950年9月25日に武田から3♂1♀の送付を受けた，と示す．新聞記事に見られる内容とは，各々多少食い違っている．

武田は著者と同学年，当時は知人でなかったが高校で友人になった．

第3章 戦後の再発見　123

分布域の限定

栃木県内のシルビアシジミの分布は，鬼怒川に沿って上阿久津の上流約15km塩谷町佐貫付近まで確認され，永らくこの地点が日本の分布北限と見なされてきた．

ミヤコグサ自体は青森県まで分布するが，栃木県の北，福島県でこの蝶は発見されない．西山（1995）が推測したように，越冬する若齢幼虫の生存を可能とするミヤコグサ生葉の存否が，分布の決め手である可能性がある．

栃木県内で鬼怒川の東側を流下し，茨城県に通じる那珂川流域にも本種の生息記録があったと知った．小川町（現那珂川町）上河原で1994-1998年に生息が記録されていた（遅沢2001）．元・新那珂川橋の僅か上流右岸にあった生息地（遅沢壮一・私信2018）は本州東岸では北限生息地にあたっていた．しかし，遅沢・遅沢（2010）が伝えるように，1998年の出水及び右岸一帯での温泉施設の建設により現場は著しい改変を受け，それ以後の存続は確認できない．なお那珂川流域の上下を精査する必要がある．

さらにその下流，茨城県内の那珂川沿いと考えられる地では古く1965年に勝田市（現ひたちなか市）石川町の記録1♂（白水隆同定）があったが（茨城昆虫同好会1966），その後の発見はない．茨城県 Red List 2016 はこの蝶を絶滅種に含めていない．

シルビアシジミは，過去に日本の南部から北方へ海岸沿いに分布を拡げ，河口域から内陸部に侵入したと推測される．鬼怒川流域では適地を得て繁栄したが，那珂川流域では僅かな痕跡を遺していち早く消失したのだろうか．青木（2018）は栃木県のこの種の詳細な分布記録を新たに示した．

学名の検討

シルビアシジミの学名は,近年DNA情報に基づく系統解析によって近縁種との類縁関連が整理された(矢後2007).

それによれば,日本で本州・九州・四国などに分布する種は *Zizina emelina* (de l'Orza 1869) をあてるのが妥当で,琉球列島の種,ヒメシルビアシジミ *Zizina otis* とは区別されるという.今後の分析次第では,なおも学名に変更が生じることはあり得るが,和名シルビアシジミが動くことはないだろう.

タイプ標本

フェントンが氏家で採集したシルビアシジミのタイプ標本は,1923年,フェントンから大英自然史博物館に譲渡されて,現在も無事保存されている.

一方,中原が記載(1922年)に用いた標本は,九州大

標本貼付ラベル

学の昆虫学教室に保存されていた(中村2011).中村剛之(当時栃木県博,現弘前大学)が2003年5月,訪ね当て,その姿・ラベルを突き止めてくれた.完模式標本は行方不明だが,付随する副標本類は無事保存されていた.中原が畏友江崎に保存を委託したのだろう.

採集ラベル「Harima 7/5/20 S. Iguchi」とともに,付された中原自筆と見られる学名ラベルには何故か *Z. silvia* の文字綴り(記載は *Z. sylvia*)が認められる.

うじいえ自然に親しむ会の保護活動

加藤啓三は氏家地域の動植物・自然に関心ある諸組織に呼びかけ，2003年，「うじいえ自然に親しむ会」を発足させた.

この地がシルビアシジミの日本での基準産地と知られるに従って，チョウ採集の来襲者が増大した. 2004年，氏家町（現さくら市）がシルビアシジミを天然記念物に認定し，鬼怒川左岸での保護が条例化した.

親しむ会は，勝山地域を中心に堤防・礫河原のミヤコグサはじめ，各種の植物・昆虫の保全に尽力している. さらに地域の小・中学校で「出前講座」を開くなど，地元での関心と協力を訴え，協力の輪が広がっている.

鷲谷いずみ一門（東大→中央大）はカワラノギクなど砂礫地固有の動植物保全に用地を設定して取り組んだ. 上流のダムで法面の補強に，外来種シナダレスズメガヤが使用され，その分布が下流一帯に拡がってしまった.

背丈が高く，砂礫地に根深く繁茂するため，遮光作用などによってミヤコグサ・カワラノギクなど在来植生の生育に著しい悪影響を及ぼしている. 現在では，その駆除に多くの力が割かれている.

対岸（鬼怒川右岸）の宇都宮市側でも栃木県保全条例が設置され，とちぎ昆虫愛好会の有志（長谷川順一ら）による保護活動（シナダレスズメガヤの抜去など）が進んでいる.

シロツメクサで生きるシルビアシジミ

大阪府と兵庫県の境を流れる猪名川流域では，シルビアシジミ

の生息記録は1980年代以降途絶えていた．ところが2000年からの調査で豊中市・伊丹市にまたがる大阪国際空港周辺に高密度の本種生息が認められた．この地にミヤコグサの生育はなく，シルビアシジミは（同じマメ科の）シロツメクサを利用していることが明らかになった（森地・蓑原2005）．

同所の空港自体は，1939年から，日本陸軍・占領米軍などによって，規模を拡大しつつ存在していた．

この地のシルビアシジミからは共生細菌 *Wolbachia* が検出され，雌成虫の一部は，子孫に雌成虫のみを与える（Minohara, et. al. 2007）．細菌共生と産卵習性や食草依存性の変化との因果関係は定かでないが，新しい形で存続を続けるシルビアシジミ個体群として注目される．

2018年7月下旬，伊丹市での「昆虫DNA研究会」に参加の機会を得，この生息地を見学した．猛暑の中，大型航空機の轟音が響く芝地を飛翔するシルビアシジミに，同じ種とは言え，拠り所を違えて存続する力強い種の姿を見た．

研究会でのDNA解析結果では，栃木県，石川県のシルビアシジミ個体群は分化が進んでいるという（佐藤ほか2018）．能登半島の同種は別亜種として記載された（木村2016）ことを青木好明の教示で知った．

各所で逞しく生きる生物の姿に目を見張る思いだった．

豊中空港

第4章
シルビア嬢の墓碑

北米への縁

2015年秋，全く予想していなかった事態が起きて，アメリカ合衆国，それもニューヨーク州近辺に縁故が生じた.

次男（銀行員）が転勤でニューヨーク支店勤務になった. それも3〜5年任期ということで，単身ではなく，連れ合い・孫2人（高校・中学）を伴い一家で移住する，ということになったのだ.

彼らが定めた住所はニューヨーク市東北部に隣接するコネチカット州グリニッジ市だった. 勤務先銀行の支店まで電車で1時間ほどの距離だという.

赴任を見送りに成田空港へ行ったが，これで当分は会えないかと心残りだった. やがて現地にも慣れ，孫の顔も見られるからと，同地への訪問を誘ってくれるようになった.

こんな経過で，思いがけずニューヨーク市近郊を訪ねる可能性が生まれた.

日本国籍

中原孝子の好意で，中原家の戸籍写しを見ることができていた.

中原は1921年9月7日に，ドロシーとの婚姻届け出を在ニューヨーク総領事に提出し，受け付けられた. ドロシー夫人は同日付で日本国籍を取得し，それが日本に送付され，同年11月8日に入籍した. 当時の国籍法では日本人の妻となった外国人女性は，即

座に日本国籍を取得できた．そんな経過でドロシーの日本国籍には，その出生地として「紐育州エヂソン村」という記載がある．

娘シルビアは既に1920年に死去していたので，この時点で戸籍上に記録はない．

シルビア嬢の生没日

永年調べてきたシルビア嬢に関し，未だ生年月日も，正確な没年月日も知ることができていなかった．

日本流の常識で考えると，もし墓碑，もしくは葬儀に関与した教会を探し出すことができれば，少なくとも命日は知ることができるのではないか，と考えていた．

墓地，または教会の「過去帳」的な記録に求めるにしても，地縁を辿れそうな地域名の手懸かりは，唯一，母親ドロシーの戸籍簿に記録される地名「紐育州エヂソン村」だけだった．

これを基にエヂソン村（Edison village）を探索したが判らなかった．幸いかつて在職した大学に，自身コーネル大に留学した経験のある関本均がおり，同大学のことや，周辺の話を聴くことができた．

エヂソン村とは

同氏から，村の名について重要なヒントを与えられた．即ちEdison は Addison のことではないか？　と．

なるほど，米国人のドロシー夫人が，日本の役場窓口に，口頭で出身地を Addison と告げたとすると，これを聴いた窓口係がカナ書きでエヂソンと書き留めることは容易に想像できることだった．

第4章　シルビア嬢の墓碑　131

地図を探すと，ニューヨーク州にAddison Villageが確かにあった．コーネル大学のあるイサカ市からは西方50kmほど離れた場所だった．通勤距離としてはだいぶ遠いが，ドロシーの出身地はここかも知れない，と判断した．

先祖探しのネットワーク

Addison村のことを念頭に置いて，インターネットで教会・墓地関係の探索を試みた．

事項を探っていくと，墓地関連に伴って米国の情報網「先祖探し」ネットに接することになった［http://search.ancestry.com/］．

物は試しと，指定のある人名欄に「sylvia nakahara」を入力すると，同姓者が多数あったが，地域を限定することによって，驚くべし，たちまち次の生没記録が登場した．

sylvia nakahara　誕生：30 Oct 1919-USA

死去：18 Jun 1920 New York USA

しかも，この記録には正しい両親名waro nakahara，dorothy nakaharaが付随しているので，間違いなく求めるシルビア嬢の記録であると確信できた．

従来，未知であった生没の日付，7カ月20日間の生涯期間が見事明らかになった．

アメリカへ行くまでもなく，日本のパソコンに向かったままで，呆気なく貴重な事実を把握できてしまった．

Sylvia

Birth:　　　Oct. 30, 1919, USA
Death:　　　Jun. 18, 1920
　　　　　　Queens County
　　　　　　New York, USA

A daughter of Waro Nakahara and Bernice B.
(Waterman) Nakahara.

Sylvia Nakahara died in New York City,
Queens, New York.

Source:
New York Municipal Archives'
death record no. 2915

ネットに示された生没記録

今さらながらネット情報網の強力さに驚異を覚えた.

埋葬場所情報

辿り着いた情報源にはシルビア嬢の埋葬場所がLakeview Cemetery, Ithaca, Tompkins County, New Yorkと出ている. 場所はイサカ市の北東方に当たり, コーネル大とも遠くない所と判った.

たまたまの好運に恵まれてアメリカへ行くからには, なんとかこの墓地を訪れて, シルビア嬢の墓に巡り合うことはできないか, 旅への準備を整えながら願望を抱き始めた.

地の利を知らぬため, 次男宅から現地への交通手段には思いを致すこともなく, 未知の墓地を訪ねる望みを高めていた.

北米への旅

年寄り夫婦にはいささか難儀な旅だったが, 孫に会えると2016年10月, 重い腰をあげることにした. 折しも飼育中のハバチ幼虫の世話を, ベテランの友人齋藤猛に依頼して前後10日間の旅に出かけた.

慣れないESTA登録に苦労し, 初めてビジネス便に乗った. 16時間の航空機座席に耐えて10月9日夕方, 米国東海岸のJFK空港に到着した. 週末なら空港まで送迎するという次男の好意に甘えた日程だった. 次男は孫と迎えに来てくれた.

グリニッジ市付近

空港から車で約2時間, 到着した次男宅のテレビは, 2016年の秋とてアメリカの大統領選挙を報じていた. トランプ候補と, ク

リントン候補が舌戦の最中だった．

次男宅は電車のグリニッジ駅から，徒歩10分足らずの住宅地だったが，周辺に緑が豊富だった．庭の餌台に赤いカーディナル（小鳥）などが飛来し，2種のリスやウサギも現れるなど，目を楽しませてくれた．

近くの海岸には春先，多数のカブトガニが押し寄せるという．秋だったが，波打ち際の岩場上に帽子大の殻が数多く残っていた．次の週末にイサカを訪ねることになった．

イサカへの道

イサカ市はニューヨーク州といっても，カナダに面したオンタリオ湖に近い北辺（北緯42.4°，室蘭相当）にあり，東海岸地区からは簡単には行けない．以前は地方鉄道が各所を結んでいたようだが，今は地方空港が所々にあるくらいだ．

ニューヨーク市マンハッタン地区（Port Authority Terminal）から長距離バスがコーネル大学との間を結んで，かなりの頻度で走っているという．今回は広大なアメリカ大地を車で走るのをよしとする次男の好意に従い，1泊の自動車旅行をすることになった．

グリニッジ(右下)からイサカ(左上)への道程

10月14日金曜日，休みを取った次男が軽快なレンタカーを借りてきた．我々夫婦と3人のドライブは10時，グリニッジ市をイサカ市へ向け出発した．

少々誤作動もあるカーナビ

を操りつつ，間もなくハドソン川を渡り，ほぼ北西に向かう．片道350km，東京〜名古屋間ほどの距離を高速道（州道・州間道）を乗り継いで進む．時期は秋，道路脇の鮮やかな紅葉が美しかった．

コーネル大学

ドライブインで1回休んで昼食を取り，夕刻イサカ市の近郊に到着した．まずはコーネル大学構内に立ち寄る．南寄りの駐車場に車を停めて，構内に入った．週末の夕方のためか，車も学生の姿も少なかった．

事前の念頭には，事務的に中原関係の個人資料を探ることもあったが，構内はあまりに広大で，どの建物に行けばいいのかもまるで判らない．準備なしに事務的な資料を求めるのは断念せざるを得なかった．

Lakeview墓地

大学を離れ，カーナビを頼りにLakeview墓地を探した．間もなく辿り着いたのは墓地の東側に当たる裏口だった．全く人気のない墓地内には見渡す限りの墓標が立ち並んでいた．7000余名が葬られるという規模に驚き，一見した限りでは大学と同様，とても手が出ない，という印象だった．

墓地内のゆるやかな斜面を車で下り，西方の正門入り口の管理人室のあたりまで回ったが，どこにも人の姿は全くない．これはとても無理かな，という印象を強めた．

その晩は，予め借りてあった少し北のLansing地区でBed & Breakfastに1泊し，ドライブの疲れを癒した．シャワーを浴び，

食事を取ってベッドに入って考えた．

　様々な運に恵まれて，この地を訪ねることができたが，シルビア嬢の墓発見は困難そうだ．しかし，再度この地へ来ることができるとは思えず，せめて墓地の石でも拾って帰りたい，と考えた．

小さな墓標

　翌15日朝，頼んで再度，墓地を訪問した．今度は正門入り口から入ったが，管理人室は不在．次男が電話した管理会社も，週末休みで応答は全くなかった．

　人一人見られない中，3人で手当たり次第に並ぶ墓碑銘を見て歩いた．アチコチを見回ること小一時間，きりもなく諦めようかという矢先，家内が当の墓碑を見つけた．共に散歩していても，必ず先に花や虫を見つけだす，注意深い才能に助けられた．

小さな墓碑

　それは30cmほどのいちだんと小ぶりな碑で，発見はまさに天佑ともいうべきものだった．

　表にはSYLVIA NAKA-HARA 1919-1920の簡素な表示，裏面にはなんの文字もない．

墓地構内図

　場所は西の正面入り口から

入って，分岐を右手(南)の小道(main avenue)に少し登る左手(北)，園内区画図(1枚だけ残っていた)の表示でA-68, 69, 84, 85辺だろうか，1本の大樹の南側にひっそり位置していた．

イサカの小石

後から，墓地ネット表示のシルビア嬢の案内の中に，「Sect.A-Lot 54」との表示があることに気付いた．ただ，現場の墓碑列には，このような数字で「位置」を示す表示は何も付いていない．

シルビア碑(左)とウォーターマン碑(右)

Watermann実家の大型墓碑

その小さな墓は決して「独りぼっち」ではなかった．右隣りに母の旧姓，即ち実家Waterman銘のドッシリと大きな墓がある．シルビア碑はその左隣(北方)に位置していた．

シルビア嬢の短い生涯を，どんなに身近で愛でたか計り知れないイサカの祖父母たちが，傍でしっかりと孫娘を抱えるように，眠っていた．

中原夫妻はウォーターマン父母の死去に際し，1度だけイサカの地に帰り，資産などの始末に当たったという．その時の父母の墓参以後，この墓を訪れる人はあったろうか．

第4章 シルビア嬢の墓碑　137

当時, 既に郷里に誰も係累はいなかったというから, それ以後訪れる人があったとは期待できない. 短い祈りを捧げて, その生涯を悼んだ.

　墓周辺は芝地であったが, 付近から小石を2つ拾った. 橋津にある中原家祖父母・父母の墓前に奉じるつもりである.

　帰国後, 同墓地ホームページのsylvia nakahara名表示欄に, 同嬢と墓碑の画像を貼付し, その由来と簡単な解説を書き込んだ. 同嬢の名をとった美しいチョウが日本で舞っている, と.

橋津と氏家の交流

　2016年秋に起きたニューヨークでのシルビア嬢墓所発見は思いがけない程, 地元で歓迎された. 橋津にしてみれば, 中原家末代の1人の墓が新たに出てきたことになる. これを契機に, 橋津と氏家の交流が緊密になった.

　イサカの墓地から持ち帰った小石を, 橋津にある中原家の墓に供える願いも未だ果たしていなかった.

　2017年9月9-11日, 湯梨浜町教育委員会が「中原和郎とシルビアシジミ」を主題に, 講演会・観察会を主催してくれた(佐々木 2017).

　加藤啓三と中村が橋津を訪れた. 加藤は, 氏家における本種の保護活動, 中村はイサカでの

地元紙の報道(日本海新聞2017年1月25日付)

シルビア嬢の墓碑発見に至る経緯など，を伝える機会を与えられた．

橋津の墓前へ

講演会前日の9月9日夕，西蓮寺の中原家墓地を訪れ，祖父母・両親の墓前に1個ずつ，イサカの小石を供えることができた．小高い場所に位置する中原代々の墓地に根井住職の読経が響いた．

根井一彦住職の読経

日本の祖父母にとっては初めての，両親にとってもおそらく約80年来ぶりの，孫娘・愛嬢との「対面」であったのかと思う．

どちらか墓に納められる，というオモチャは，かろうどが密封されていて，この日は出会えなかったが，住

祖父母の墓に供えたイサカの小石

職保存の画像を拝見できて，青色の金魚形を想像できた．

シルビアシジミの墓参

9月10日，講演会の午後は，橋津付近（小鴨川＝天神川上流，倉吉市）でシルビアシジミ生息状況の観察会が開かれた．小鴨川の河川敷を調査し，ミヤコグサとともに成虫多数の生息が観察で

小鴨川の生息地

きた.

地元が期待するのは,橋津の墓所付近にシルビアシジミが舞い遊ぶことである.

幼くしてアメリカに没したシルビア嬢が,美しいチョウの姿となって,祖父母・両親の墓所を訪れる姿を思い浮かべることは楽しいことだ.

小鴨川の生息地と西蓮寺の墓地とは5km以上離れているが,墓地近くにも橋津川・天神川が流れている.自然植生としてミヤコグサの分布が拡大し,小鴨川のシルビアシジミが生息域を伸ばしてくれば,それも夢ではない.

自然の姿として墓地近くに,チョウが舞う日が実現することを願って止まない.

参考文献

[原著報告]

松浦明・松田真平・中村和夫・小竹弘則. 2005. M. A. Fentonが田中舘愛橘に宛てた手紙. 蝶と蛾. 56(2): 145-165.

松田真平・中村和夫. 2005. 明らかになったFentonの生涯. 蝶と蛾. 56(3): 247-256.

中村和夫. 2007. M. A. Fentonから石川千代松への手紙—日本の近代的蝶研究の断面. 蝶と蛾. 58(3): 317-340.

中村和夫・松田真平. 2008. Fentonの日本訪問と大英博物館. 蝶と蛾. 59(3): 225-240.

[インセクト誌連載]

中村和夫. 2014. シルビア物語1 フエントン篇1. インセクト. 65(1): 80-86.

中村和夫. 2014. シルビア物語2 フエントン篇2. インセクト. 65(2): 184-190.

中村和夫. 2015. シルビア物語3 フエントン篇3. インセクト. 66(1): 38-44.

中村和夫. 2015. シルビア物語4 フエントン篇4. インセクト. 66(2): 133-140.

中村和夫. 2016. シルビア物語5 フエントン篇5. インセクト. 67(1): 52-57.

中村和夫. 2016. シルビア物語6 中原篇1. インセクト. 67(2): 147-154.

中村和夫. 2017. シルビア物語7 中原篇2. インセクト. 68(1): 68-77.

中村和夫. 2017. シルビア物語8 戦後篇. インセクト. 68(2): 161-165.

[その他報告]

中村和夫. 2002. フェントンの栃木県旅行と蝶採集. インセクト. 53(1): 14-24.

中村和夫. 2003. フェントン先生とシルビアシジミの出会い. 第47回企画展図録シルビアシジミ発見物語. 6-10. ミュージアム氏家

中村和夫. 2003. 中原和郎先生とシルビアシジミ. 第47回企画展図録 シルビアシジミ発見物語. 60-64. ミュージアム氏家

中村和夫. 2005. シルビアシジミに関する展開. インセクト. 56(2): 141-149.

中村和夫. 2007. M. A. Fentonの日本遠征と昆虫研究. 第62回企画展図録 大いなる鬼怒川. 48-55. さくら市ミュージアム—荒井寛方記念館—

中村和夫・松田真平. 2007. シルビアシジミの発見と命名. 昆虫と自然.

42 (6): 10-14.

中村和夫. 2011. 中原和郎小伝. やどりが. No. 228. 18-24.

中村和夫. 2017. 中原シルビア嬢の小墓碑. やどりが. No. 253. 38-41.

［松田真平報告］

松田真平. 1995. 英国人による日本の蝶の研究史（後編）. 蝶研フィールド 10 (2): 12-19

松田真平. 1999. 改訂・英国人による日本の蝶の研究史. 蝶研フィールド 14 (12): 4-14.

松田真平. 2003. フェントンの採集旅行に関する訂正表. 蝶研フィールド 18 (4): 24-25.

松田真平. 2005. 写真と地図で綴るフェントンゆかりの場所—日本・英国・アメリカ—. やどりが. No. 205: 40-44.

松田真平. 2007. フェントン採集の標本により1881年に記載された日本産「ガ」のリスト及び*Fentoni*と*Fentonia*について. やどりが. No. 214: 23-34.

松田真平. 2010. フェントンと石川千代松の奥の細道—秋田街道について—日本鱗翅学会57大会B215.

松田真平. 2016. 山形県米沢/赤湯付近のM. A. フェントンが歩いた道の散策. やどりが No. 250: 23-34.

［追加文献＋画像出典］

青木好明. 2018. 栃木県内におけるシルビアシジミの記録地. インセクト. 69 (1): 1-7.

バードI. 高梨健吉訳. 2000. 日本奥地紀行. 平凡社. pp. 529.

Butler, A. G. 1881. On the butterflies from Japan. Proc. Zool. Soc. London. 1881: 846-856.

Corner, G. W. 1964. A History of the Rockefeller Institute. 1901-1955, Origin and Growth. Rockefeller Inst. Press, pp. 636.

江崎悌三. 1953. 国蝶の弁. 蝶と蛾. 4 (1): 1-4.

茨城昆虫同好会. 1966. おけら No. 24: 1.

猪又敏男. 1990. 原色蝶類検索図鑑. 北隆館.

君塚直隆. 2007. ヴィクトリア女王. 中公新書. pp. 288.

木村冨至. 2015. 能登半島産シルビアシジミの形態的特徴と分布に. つい
て. やどりが. No. 244: 17-25.

木村冨至. 2016. 石川県能登半島産と日本各地産シルビアシジミの比較検
討及び1新亜種の記載. Butterfly Science. No. 4: 20-33.

北 篤. 2003. 正伝 野口英世. 毎日新聞社. pp. 300.

国立がんセンター, 1973., 国立がんセンター10周年誌. 国立がんセン
ター. pp. 549.

国立がんセンター, 1983., 国立がんセンター20周年誌. 国立がんセン
ター. pp. 280.

丸山工作. 1989. ユダヤ人を超えた日本人. 科学. 59(7): 483-488.

港区立港郷土資料館. 2005. 江戸の外国公使館. pp. 208.

蓑原茂・森地重博・平井規央・石井実. 2007. 大阪国際空港周辺における
シルビアシジミの分布と生態. 昆虫と自然42(6): 15-19.

Minohara, S., Morichi, S. Hirai, N. & Ishi, M. 2007. Distribution and
seasonal occurrence of the lycaenid, *Zizina emelina* (de l'Orza) around
the Osaka International Airport, central Japan. Trans. lepid. Soc. Japan.
58(4): 421-432.

三輪成雄. 2014. 能登半島, 北限のシルビアシジミ. 月刊むし. No. 524:
2-5.

森地重博・箕原茂. 2005. 大阪府のシルビアシジミ. 蝶研フィールド. 20
(5): 10-18.

永井彰. 2017. トリバネアゲハを追う. 東海大学名誉教授会年報. No. 12:
44-52.

永井彰. 2018. インドネシア・バチャン島採集記. TSU-I-SO No. 1607
|PLUS| 1-12.

中原和郎. 1938. ロックフェラー研究所. 科学朝日. 3(1): 68-69.

中原和郎. 1951. 東洋流の豪傑. 心. 4(4): 86-90.

中原和郎. 1955. 少年昆虫学者. 辰野隆・編. 落第読本. :55-76. 鱒書房.

中原和郎. 1956. オホムラサキ. 蟻塔. 2(2): 1-3.

中原和郎. 1958. 江崎悌三君と私. 蝶と蛾. 9(1): 3-4.

中原和郎・柴谷篤弘. 1962. ガン研究問答. 自然. 17(8): 11-20.

成富安信. 1941. 蝶類雑記. Zephyrus. 9(2): 112-116.

西山隆. 1995. 北限のシルビアシジミとその生態. 昆虫と自然. 30(14): 10.

遅沢恭二. 2001. シルビアシジミを栃木県小川町で採集. 月刊むし. No. 359: 47.

遅沢壮一・遅沢恭二. 2010. 那珂川の北限のシルビアシジミの発見と絶滅. 東北昆虫 35: 16-17.

佐々木靖彦・編. 2017. 中原和郎とシルビアシジミ. 講演要旨集. pp. 26. 湯梨浜町教育委員会.

佐藤大輔・中濱直之・伊津野彩子・井鷺祐司・矢後勝也・上田昇平・平井規央. 2018. 日本各地におけるシルビアシジミの遺伝的多様性. DNA昆虫研究会15回研究集会.

白水隆. 2003. シルビアシジミと中原和郎先生の思い出など. 第47回企画展図録 シルビアシジミ発見物語. p5. ミュージアム氏家.

Sugimura, T. 1976. Obituary. Dr. Waro Nakahara. Cancer Res. 36: 3374-3376.

田中舘愛橘. 1935. 石川千代松君の思いで. 科学. 5(4): 166-167.

氏家町. 1994. 阿久津河岸. 氏家町. 栃木県. pp. 22.

山本鉱太郎. 1980. 川蒸気通運丸物語. 崙書房. pp.166.

結城次郎. 1935. 「国蝶」を如何に選ぶべきか. Zephyrus. 6(1/2): 146-149.

矢後勝也. 2007. 分子系統からみたシルビアシジミ属の分類と生物地理. 昆虫と自然. 42(6): 2-9.

あとがき

　思いがけない契機から縁が生まれ，この20年弱，新たな発見を追いつつ辿ってきたシルビアシジミ周辺の話をまとめた．本書の作成には多くの方々のお助けをいただいたが，特に奥昭夫，松田真平両氏のご援助には厚く御礼申し上げる．

　基本原著となった共同研究4篇の内容を基礎に，地元の同好会誌（「とちぎ昆虫愛好会　インセクト」）に4年8回に亘って分載した稿を基本に，本書をまとめた．出版に当たって再構成した上，追加・手直しを施した．

　文献としては，原著4篇，連載8篇，及びこの主題に関連する諸篇を掲載した．また，本書作成に当たって，新たに引用・参照した文献及び画像の出典元を示すものは掲載した．

　もともとの諸篇で引用した多数の文献は本書では割愛した．必要な場合，面倒でもそちらをご参照ください．

　出版に当たって文字・用語・体裁の上で随想舎の石川栄介氏の懇切な配慮をいただいたことにお礼申し上げる．

［著者紹介］

中 村 和 夫（なかむら・かずお）

　1936年　東京生まれ

　1944年　宇都宮に縁故疎開

　1954年　宇都宮高校卒

　1958年　東北大学理学部生物学科卒及び同MC修了

　1967年　東北大学大学院農学研究科DC修了及び同大助手

　1976年　宇都宮大学教養部を経て同大農学部

　2001年　定年退職

著作

　（共著）神立誠・須藤恒二監修.1985.ルーメンの世界 農山漁村文化協会.

　（編著）日光の動植物編集委編.1986.日光の動植物.栃の葉書房.

シルビア物語

2018年12月20日　第1刷発行

編　者 ● 中　村　和　夫

発　行 ● 有限会社 随 想 舎

　　　　〒320-0033　栃木県宇都宮市本町10－3 TSビル

　　　　TEL 028-616-6605　FAX 028-616-6607

　　　　振替　00360－0－36984

　　　　URL http://www.zuisousha.co.jp/

印　刷 ● モリモト印刷株式会社

装丁 ● 栄舞工房

定価はカバーに表示してあります／乱丁・落丁はお取りかえいたします

© Nakamura Kazuo 2018 Printed in Japan ISBN978-4-88748-363-7